化学国家级实验教学示范中心创新实验系列教材编审委员会名单

高等学校"十三五"规划教材

化学国家级实验教学示范中心创新实验系列教材

化学研究与创新实验（Ⅰ）

HUAXUE YANJIU YU CHUANGXIN SHIYAN

白国义 闫明涛 张红医 等 编著

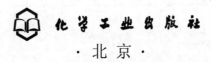

化学工业出版社

·北京·

内 容 提 要

本书共包括 45 个研究与创新实验项目,涵盖化学各学科,其中分析化学实验 17 个、无机化学实验 9 个、有机化学实验 6 个、物理化学实验 4 个、高分子科学实验 7 个、化工实验 2 个。

本书可作为化学、材料化学、高分子材料、环境科学等专业本科生的实验教材,也可供从事化学科学研究、开发和应用的研究生与工程技术人员参考。

图书在版编目(CIP)数据

化学研究与创新实验. I/白国义等编著. —北京:
化学工业出版社,2019.11
ISBN 978-7-122-35867-7

Ⅰ.①化… Ⅱ.①白… Ⅲ.①化学实验-高等学校-
教材 Ⅳ.①O6-3

中国版本图书馆 CIP 数据核字(2019)第 283684 号

责任编辑:提 岩 姜 磊 文字编辑:李 瑾
责任校对:王 静 装帧设计:王晓宇

出版发行:化学工业出版社(北京市东城区青年湖南街 13 号 邮政编码 100011)
印 装:三河市延风印装有限公司
787mm×1092mm 1/16 印张 11¼ 字数 272 千字 2020 年 8 月北京第 1 版第 1 次印刷

购书咨询:010-64518888 售后服务:010-64518899
网 址:http://www.cip.com.cn
凡购买本书,如有缺损质量问题,本社销售中心负责调换。

定 价:36.00 元 版权所有 违者必究

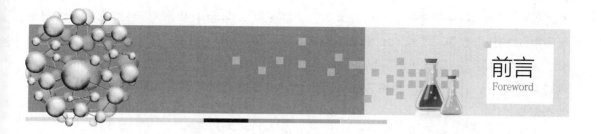

  国家级实验教学示范中心是教育部、财政部在"十一五"期间联合实施的"高等学校本科教学质量和教学改革工程"的重要组成部分之一,是本科实验教学改革的重要示范项目。项目建设的具体目标包括:树立以学生为本,知识传授、能力培养、素质提高协调发展的教育理念和以能力培养为核心的实验教学观念,建立有利于培养学生创新能力和实践能力的实验教学体系,为高等学校实验教学提供示范经验,带动高等学校实验室的建设和发展。

  2007 年,河北大学化学实验教学中心成为国家级实验教学示范中心建设单位,并在 2012 年通过教育部验收,正式成为化学国家级实验教学示范中心。获此殊荣的同时,我们深感肩上责任重大,下决心要认真秉承"国家级实验教学示范中心"项目的初衷,积极推行实验教学体系改革,致力于化学一流本科人才的培养。

  课程是人才培养体系中的核心要素,在实现高校人才培养目标、提升高等教育质量方面起着关键作用。2019 年 10 月,教育部出台了《关于深化本科教育教学改革全面提高人才培养质量的意见》,其中明确提出"推动科研反哺教学。强化科研育人功能,推动高校及时把最新科研成果转化为教学内容,激发学生专业学习兴趣"。因此,为了培养化学专业学生的创新能力和实践能力,建立反映新时代科学前沿成果的实验课程体系被列为我们工作的重中之重。

  本书是河北大学化学国家级实验教学示范中心为了贯彻落实教育部 2019 年本科教育"质量工程"一系列文件以及 2018 年全国本科教育大会、全面落实新时代全国高等学校本科教育工作会议精神,进一步深化化学实验教学改革,积极开展实验教学内容、方法、手段及实验教学模式的改革与创新,加强科研成果转化为实验教学内容的一次尝试。

  本书收录的实验项目是在我校立项的精品实验项目的基础上,精选的 45 个实验项目。实验项目内容涉及分析化学、有机化学、无机化学、物理化学、高分子化学等。实验项目中绝大部分是老师们的原创性实验教学项目,来自于教师最新科研成果的总结、改造和转化,少部分是原有实验项目的改进,它们具有较强的创新性、综合性、挑战性,对于培养学生的创新意识与创新思维,全面提高学生的研究能力和实践能力具有十分重要的意义。

  本书收录的实验项目由多位老师分别撰稿,最终由白国义、闫明涛、任淑霞修改、统稿。其中,张红医编写实验 1~8;苏明编写实验 9;孙月娜编写实验 10;王美编写实验 11~14;张宇帆编写实验 15;曹丽丽编写实验 16;吴颉编写实验 17;韩冰编写实验 18;翟永清编写实验 19;贾光编写实验 20;曾乐勇编写实验 21;周国强编写实验 22;王献玲编写实验 23;白国义编写实验 24;李泽江编写实验 25;杜建龙编写实验 26;王力竞编写实验

27；魏超编写实验 28；吴智磊编写实验 29；齐林编写实验 30；张翠妙编写实验 31；马刚编写实验 32；任淑霞编写实验 33；张红编写实验 34；靳明编写实验 35、36；庞秀言编写实验 37、38；闫明涛、刘磊、边刚编写实验 39、40；温昕编写实验 41；李江涛编写实验 42；宋洪赞编写实验 43；马海云、吕树芳编写实验 44、45。在此对所有参加编著的教师表示衷心的感谢！

　　由于作者水平所限，书中疏漏之处在所难免，敬请广大读者指正！

编著者

2019 年 10 月

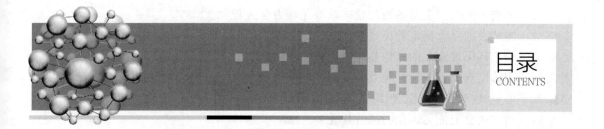

目录
CONTENTS

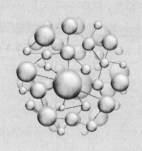

实验 1

高效液相色谱间接紫外检测法测定甲醇和乙醇的含量

一、预习要点

1. 高效液相色谱仪间接紫外检测法的原理及注意事项。
2. 计算 HPLC-EAT 的方法。

二、实验目的

1. 进一步掌握高效液相色谱仪的使用方法。
2. 学习用高效液相色谱间接紫外检测法测定甲醇和乙醇的含量。
3. 学习计算 HPLC-EAT 值。
4. 了解绿色发展、绿色化学、绿色分析化学和绿色液相色谱的基本思想。

三、实验原理

1. 间接检测的基本原理

间接光度液相色谱检测法一般是在流动相体系中加入一种在检测波长范围内具有较高吸收系数的试剂（称为紫外洗脱试剂），以形成高的紫外吸收本底。当样品引入到色谱柱内后，无紫外吸收的待测组分与紫外洗脱试剂发生相互作用或者在色谱柱上产生竞争保留，由于基流的变化而导致吸收信号的变化，产生组分色谱峰。表 1-1 为间接光度法中正负峰规律。

表 1-1　间接光度法中正负峰规律

样品与紫外洗脱试剂的相对电荷	组分峰的方向	
	组分峰先于系统峰	组分峰后于系统峰
无电荷或者电荷符号相同	正峰	负峰
电荷符号相反	负峰	正峰

2. HPLC-EAT 法计算绿色度的原理

$$HPLC\text{-}EAT = S_1 m_1 + H_1 m_1 + E_1 m_1 + S_2 m_2 + H_2 m_2 + E_2 m_2 + \cdots$$
$$+ S_n m_n + H_n m_n + E_n m_n$$

式中，S、H 和 E 分别为 Koller 等所用的安全因子、健康因子和环境因子；n 为溶剂数目；m 为溶剂质量。

当使用纯水或含有改性剂（或者盐缓冲液）的水溶液作流动相时，因为有机溶剂的重要作用，将它们的 S、H 和 E 设为零。

四、仪器与试剂

1. 仪器

高效液相色谱仪（配有紫外-可见分光光度计），耐水反相液相色谱柱（15cm），手动进样阀，超声波清洗仪，自动蒸馏水器，微孔滤膜（0.22μm），HPLC-EAT 软件。

2. 试剂

甲醇、丙酮均为色谱纯，乙醇为分析纯，双蒸水，白酒，烹饪用生物燃料。

五、实验步骤

1. 样品溶液的制备

醇基燃料：量取一定体积的样品，并定量转移到蒸馏瓶中进行水浴蒸馏，接收 80℃ 以内的馏分。馏分直接进样分析，进样体积 5μL。

白酒：过滤后直接进样分析，进样体积 5μL。

2. 反相液相色谱条件的设定

流动相为丙酮/水（4/96），流速 0.8mL/min，检测波长 233nm，进样体积 5μL，柱温 30℃。

3. 标准曲线的制备

配制系列浓度混合标准工作液（乙醇为 1%、5%、10%、20%、30%、40%，甲醇为 1%、5%、10%、20%、30%、40%）进行反相高效液相色谱测定，记录峰面积（表 1-2）。

表 1-2 不同浓度下甲醇和乙醇的峰面积

浓度	甲醇峰面积			乙醇峰面积		
	1	2	3	1	2	3
1%						
5%						
10%						
20%						
30%						
40%						

计算 HPLC-EAT 的数值（表 1-3）。

表 1-3　计算 HPLC-EAT 的数值

样品前处理有机试剂体积/mL	流动相 A/%	流动相 B/%	色谱总时间/min	流速/（mL/min）	HPLC-EAT

4. 实际样品的测定

在相同的仪器条件下，测定样品溶液。用标准工作曲线对样品进行定量测定。

六、　数据处理

1. 分析色谱图，确定甲醇和乙醇的色谱峰。

2. 用 Origin 作图软件做出两种物质浓度对峰面积的标准曲线，得出线性方程、线性相关系数。

3. 根据线性方程计算样品中甲醇和乙醇的含量。

4. 利用软件计算出该方法的 HPLC-EAT 值。

七、　注意事项

1. 高效液相色谱法中所用的溶剂需纯化处理，流动相在使用前需要过滤和脱气。

2. 流动相需进行超声脱气，样品溶液需经 $0.22\mu m$ 的有机滤膜过滤后方可进样测定。

八、　思考题

1. 为何绘制标准曲线时进样浓度要由低到高？可以反过来吗？

2. 使用高效液相色谱仪应注意哪些环节？

3. 查阅文献，和其他测定甲醇和乙醇的方法比较，哪种方法更环保？

九、　参考文献

张红医，陈跃，马红玉，等. 高效液相色谱间接紫外检测法测定甲醇和乙醇含量［J］. 实验室研究与探索，2019，38（08）：39-43.

实验 2

盐析辅助液液萃取-低温冷冻纯化技术结合 UPLC-MS/MS 测定牛奶和婴儿奶粉中的环境雌激素

一、预习要点

1. 超高效液相色谱-串联质谱仪的主要组成部件和检测原理。
2. 雌激素的结构和性质。

二、实验目的

1. 了解超高效液相色谱-串联质谱法的基本原理。
2. 掌握超高效液相色谱-串联质谱仪的基本操作。
3. 学习环境雌激素的检测方法。
4. 了解 UPLC 技术与绿色发展、绿色化学、绿色分析化学和绿色液相色谱的关系。

三、实验原理

双酚 A（BPA）、壬基酚（NP）、辛基酚（OP）、己烯雌酚（DES）和 17β-雌二醇（E2）是具有雌激素效应、能够模拟雌激素作用的物质（即为环境雌激素），即使浓度极低，慢性暴露于内分泌干扰物中也具有毒理学效应，如导致内分泌紊乱、繁殖异常等。

牛奶中被报道有环境雌激素残留，原因可能是非法添加（如 DES）或环境暴露（如 BPA、OP 或 NP）。针对牛奶和婴儿奶粉中 BPA、OP、NP、DES 和 E2 的测定，本实验建立了一种简单高效的样品预处理方法，即盐析辅助液液萃取-低温冷冻纯化技术结合 UPLC-MS/MS。实验利用加盐使乙腈相与水相分离，将目标物转移至乙腈相；利用低温冷冻技术除去样品基质中的脂肪。两步操作均可以除去乙腈相中的水，可以有效去除溶于水的杂质。最后利用中性氧化铝进一步净化样品基质。盐析辅助液液萃取-低温冷冻纯化技术具有操作简单、便于使用、有机溶剂用量少、成本消耗低等优点。

四、 仪器与试剂

1. 仪器

ACQUITY 超高效液相色谱系统-Xevo TQ 串联四极杆质谱仪 ［美国 Waters 公司，配有电喷雾离子源（ESI）］，冰箱，旋转蒸发仪，可调式混匀仪，超声设备。

2. 试剂

双酚 A（BPA），己烯雌酚（DES），17β-雌二醇（E2），壬基酚（NP），辛基酚（OP），乙腈（LC），甲醇（LC），氨水（25%～28%，GR），中性氧化铝（200～300 目），氯化钠（AR），磷酸二氢钾（AR），磷酸氢二钾（AR），硫酸钠（AR），硫酸铵（AR），二次蒸馏超纯水。

五、 实验步骤

1. 样品的制备

（1）牛奶样品　精确量取 5mL 牛奶于螺塞离心试管中，加标，静置 10min；将 10mL 乙腈分四次加入，加入过程中不断振摇，防止目标物与蛋白质共沉淀；待全部加完，涡旋 2min。向样品基质中加入 2g 磷酸氢二钾，涡旋 2min 以将其完全溶解，超声 5min 以保证目标物充分萃取，离心 5min（5000r/min）。上清液转至另一干净离心管中，−35℃冷冻 2h；冷冻后，清液（有机相）过自制中性氧化铝（1.0g，3mL 甲醇预淋洗，真空抽干）柱，30℃旋转蒸至干；1mL 乙腈复溶，2μL 进样分析。

（2）婴儿奶粉样品　称取 0.7g 婴儿奶粉溶于 5mL 二次蒸馏水中（不含待测物），其余过程同牛奶样品的处理。

牛奶和婴儿奶粉均购自当地超市，并储存于 4℃的冰箱中。

2. UPLC-MS/MS 检测条件的设定

（1）UPLC 色谱条件的设定　色谱柱：ACQUITY UPLC BEH C18 柱（2.1mm×100mm i.d.，1.7μm，Waters）配有 BEH C18 VanGuardTM 预柱（2.1mm×5mm i.d.，1.7μm，Waters）。流动相组成：A，水（0.1%氨水）；B，乙腈。梯度洗脱程序见表 2-1。柱温为 40℃，样品室温度为 15℃，进样量为 2μL。

表 2-1　梯度洗脱程序

时间/min	流速/（mL/min）	流动相 A/%	流动相 B/%	曲线
0	0.400	60.0	40.0	—
0.20	0.400	60.0	40.0	6
3.00	0.400	10.0	90.0	6
3.10	0.400	60.0	40.0	6
5.00	0.400	60.0	40.0	6

（2）质谱条件的设定　质谱检测采用 Xevo TQ 串联四极杆质谱仪，配有 ESI 离子源，以多反应监测模式（MRM）定量。ESI 采用负离子模式。目标物的母离子和子离子的扫描

采用质谱仪直接灌入法。毛细管电压为 -2.5kV，离子源温度为 $150℃$。其他 ESI 离子源条件设置：脱溶剂化气（N_2）温度为 $550℃$；脱溶剂化气（N_2）流速为 850L/h；锥孔气（N_2）流速为 50L/h；碰撞气（Ar）流速为 0.15mL/min。驻留时间为 0.028s。目标物的其他设置条件见表 2-2。

表 2-2 目标分析物的质谱条件

试剂	母离子/（m/z）	产物离子/（m/z）	锥孔电压/V	碰撞能量/V
BPA	227.2	212.1*	30	18
		133.0	30	25
DES	267.2	251.1*	35	25
		237.1	35	29
OP	205.2	134.1*	35	18
		133.1	35	25
NP	219.1	133.0*	35	25
		147.0	35	30
E2	271.0	145.1*	85	40
		183.1	85	31

注：＊表示定量分析的离子质荷比。

3. 标准曲线的制备

配制系列浓度混合标准工作液，BPA 的浓度范围为 $0.5\sim240\text{ng/mL}$，DES 的浓度范围为 $0.4\sim240\text{ng/mL}$，OP 的浓度范围为 $0.4\sim240\text{ng/mL}$，NP 的浓度范围为 $2.0\sim240\text{ng/mL}$，E2 的浓度范围为 $1.2\sim240\text{ng/mL}$。进行 UPLC-MS/MS 测定。以峰面积为纵坐标，工作溶液浓度（ng/mL）为横坐标，绘制标准工作曲线。

4. 样品测定

在相同的仪器操作条件下，测定样品溶液。用标准工作曲线对样品进行定量。

六、 数据处理

利用 Origin 软件绘制标准曲线，得到线性回归方程和相关系数（表 2-3）。

表 2-3 五种物质的峰面积

浓度/（ng/mL）	峰面积				
	BPA	DES	OP	NP	E2
0.4					
40					
80					
120					

续表

浓度/（ng/mL）	峰面积				
	BPA	DES	OP	NP	E2
160					
200					

七、 注意事项

1. 流动相溶剂及测试样品溶液必须经 0.22 μm 滤膜过滤。
2. 使用的流动相溶剂应为 HPLC 级，水为超纯水。
3. 做实验时，要关注真空度、柱压、氮气和氩气压力等的变化。
4. 实验完毕，应及时冲洗色谱系统和质谱系统。

八、 思考题

1. 超高效液相色谱有哪些优点？
2. 串联四级杆质谱检测原理是什么？
3. 使用超高效液相色谱-串联质谱仪时应注意哪些实验细节？

九、 参考文献

Shi Zhihong，Fu Hongna，Xu Dan，et al. Salting-out assisted liquid/liquid extraction coupled with low-temperature [urification for analysis of endocrine-disrupting chemicals in milk and infant formula by ultra high performance liquid chromatography-tandem mass spectrometry [J]. Food Analytical Methods，2017，10（5）.

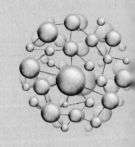

实验 3

基于氨基功能化 Fe_3O_4 的分散液-液微萃取
结合 HPLC-UV 法测定植物油中的酚酸

一、预习要点

1. 色谱法定量分析的依据。
2. 高效液相色谱仪的构造及操作要点。

二、实验目的

1. 掌握高效液相色谱仪的基本操作方法及检测原理。
2. 学习用高效液相色谱法测定植物油中的酚酸。

三、实验原理

酚酸是一种重要的酚类化合物，酚酸的含量可以用于评估植物油的营养价值、保质期、真伪性。因此，酚酸的含量对植物油的品质是很重要的。本实验结合分散液-液微萃取（DLLME）和磁性固相萃取（MSPE）萃取植物油中的六种酚酸。实验中使用氨基功能化的 Fe_3O_4（Fe_3O_4-NH_2）代替裸露的 Fe_3O_4，Fe_3O_4-NH_2 磁性纳米粒子通过溶剂热法一步合成。在该技术中，将微量缓冲溶液（萃取剂，pH＝5 的磷酸盐缓冲溶液）通过亲水性物理吸附附着在氨基功能化的 Fe_3O_4 表面，从而形成"磁性萃取剂"。在剧烈涡旋的作用下，"磁性萃取剂"分散于样品溶液中从而实现快速萃取。Fe_3O_4-NH_2 在萃取中有两个作用：①作为 DLLME 的分散剂和萃取剂的载体；②带正电荷的 Fe_3O_4-NH_2 有助于捕捉带负电荷的酚酸。萃取结束后，"磁性萃取剂"在外加磁体的作用下很容易聚集，避免了常规相分离的离心操作，从而简化了操作并且降低了整个预处理的时间。此外，环保、经济的缓冲溶液作为萃取剂（pH＝5 的磷酸盐缓冲溶液）和洗脱剂（pH＝3 的磷酸盐缓冲溶液），避免了使用有机溶剂。该方法已经成功地用于检测八种植物油中的六种酚酸。六种酚酸分别是：没食子酸（GA），绿原酸（ChA），对羟基苯甲酸（PHA），香草酸（VA），对香豆素（PCA），阿魏酸（FA），这六种酚酸的结构式和 pK_a 见图 3-1。

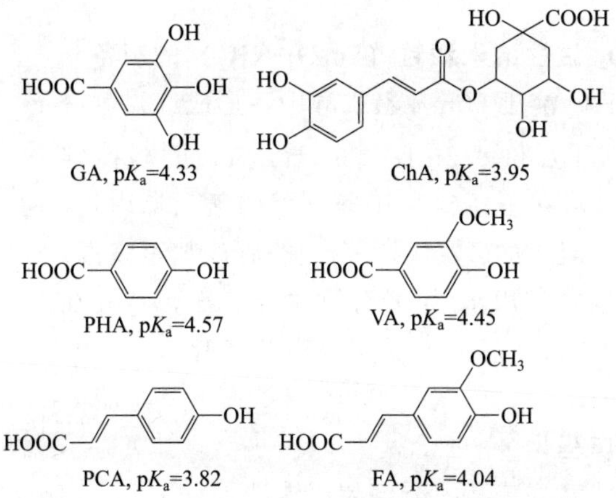

图 3-1 6 种酚酸的化学结构和 pK_a

四、仪器与试剂

1. 仪器

岛津 LC-20AD 高效液相色谱仪（SPD-20A 紫外检测器），傅里叶变换红外光谱仪，JEM-100SX 投射电子显微镜，聚四氟乙烯衬里的不锈钢高压釜，超声波清洗器，HH-4 数码恒温水浴锅，pH 酸度计，真空冷冻干燥机，磁铁，高速微量离心机，磁力搅拌器，15mL 玻璃管。

2. 试剂

六水合三氯化铁（$FeCl_3 \cdot 6H_2O$），乙二醇（EG），乙酸钠（NaAc），1,6-己二胺，甲醇，丙酮，乙醇，正己烷，磷酸氢二钠，磷酸二氢钠，磷酸为分析纯，甲酸、乙腈为色谱纯，实验用水为二次蒸馏去离子水。十八烷基（OTMS，90%），没食子酸（99%），绿原酸（98%），对羟基苯甲酸（99%），香草酸（99%），对香豆酸（RG），阿魏酸（99%）。甲醇（色谱纯）配置储备液 1mg/mL，黑暗 -30℃ 下储存。样品溶液由储备液调至实验所需浓度。

五、实验步骤

1. 样品采集和预处理

八种植物油：豆油，玉米油，米油，葵花籽油，花生油，芝麻油和两种橄榄油均购于本地超市（中国）并在室温下储存。植物油样品用正己烷稀释（1/5，体积比）并在室温下储存。豆油作为空白对照来探究不同实验条件下的萃取性能。

2. 色谱条件

在反相 C18 柱（150mm×4.6mm，5μm）上进行色谱分离，柱温 30℃。流动相：（A）0.1%甲酸水溶液；（B）乙腈。总流速为 1.0mL/min。梯度洗脱程序如下：15% B 0~3min，15%~40% B 3~10min，40% B 10~11min，40%~15% B 11~11.01min，15% B 11.01~13min。每次测定完毕后对柱子进行清洗和再平衡。检测波长为 280nm 和 320nm。280nm 检测没食子酸、对羟基苯甲酸和香草酸，320nm 检测绿原酸、对香豆酸和阿魏酸。

进样量为 5μL。

3. 氨基功能化 Fe₃O₄ 磁性纳米颗粒（Fe₃O₄-NH₂）的制备

将 4.0g FeCl₃·6H₂O 溶于 60mL 乙二醇中，形成红褐色澄清溶液，再加入 8.0g NaAc 和 8.2mL 1,6-己二胺，剧烈搅拌40min 后，将混合溶液密封在不锈钢高压釜（聚四氟乙烯内衬，100mL）中。高压釜加热至 198℃，保持 6h，然后冷却至室温。将黑色的产物进行磁收集并且用水/甲醇分别洗涤三次，然后在50℃下干燥 6h。过筛（60 目）后的产品用于后续实验。Fe₃O₄-NH₂ 的微观结构见图 3-2。

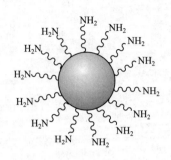

图 3-2　Fe₃O₄-NH₂ 的结构

4. 玻璃管内表面的烷基化

第一步，将 15mL 玻璃管装满丙酮，超声清洗 15min，然后用双蒸水润洗，并在室温下氮气吹干。第二步，将 OTMS 和乙醇（1/19，体积比）的混合物加入洁净的玻璃管中，45℃水浴加热 24h。最后，用乙醇/水洗涤玻璃管数次，接着在氮气流中进行干燥。

5. 萃取过程

植物油中酚酸的萃取过程见图 3-3，将 Fe₃O₄-NH₂ 磁性纳米颗粒（20mg）加入改性后的 15mL 玻璃管中，加入 60μL 萃取剂（pH=5 的磷酸盐缓冲溶液），萃取剂附着在磁性纳米颗粒上。然后，加入 5mL 植物油样品，剧烈涡旋 4min。萃取过程中，以 Fe₃O₄-NH₂ 磁性纳米颗粒为核的"磁性萃取剂"变为无数细小的液滴分散到样品中实现快速萃取。同时，带正电荷的 Fe₃O₄-NH₂ 捕获带负电荷的酚酸。接着，用磁铁将"磁性萃取剂"迅速聚集到管底，弃去上清液。最后，加入 430μL 洗脱剂（pH=3 的磷酸盐缓冲溶液），剧烈涡旋4min，对分析物进行洗脱。用磁铁将洗脱液与 Fe₃O₄-NH₂ 分离，洗脱液收集于离心管中。高速离心（10000r/min，3min）后，将 5μL 洗脱液注入 HPLC-UV 进行分析。

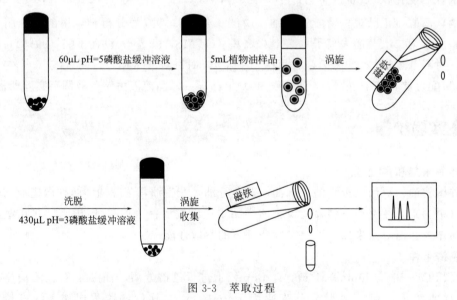

图 3-3　萃取过程

6. Fe₃O₄-NH₂ 的表征

用透射电子显微镜（TEM）对所制备的纳米颗粒的形态进行表征。

六、 数据处理

利用 Origin 软件绘制标准曲线，得到线性回归方程和相关系数（表 3-1）。

表 3-1　六种物质的峰面积

浓度 /($\mu g/mL$)	峰面积					
	没食子酸	绿原酸	对羟基苯甲酸	香草酸	对香豆酸	阿魏酸
0.01						
2						
4						
6						
8						
10						

七、 注意事项

1. 高效液相色谱法中所用溶剂需纯化处理，流动相在使用前需过滤和脱气。

2. 取样时，先吸取样品溶液润洗微量注射器几次，然后吸取过量样品，将微量注射器针尖朝上，赶走可能存在的气泡并将所取样品体积调至所需数值。

八、 思考题

1. 制作标准曲线时应注意哪些问题？

2. 使用高效液相色谱仪应注意哪些问题？

九、 参考文献

Shi Zhihong，Qiu Lingna，Zhang Dan，et al. Dispersive liquid-liquid microextraction based on amine-functionalized Fe_3O_4 nanoparticles for the determination of phenolic acids in vegetable oils by high-performance liquid chromatography with UV detection ［J］. Journal of Separation Science，2015，38 (16)：2865-2872.

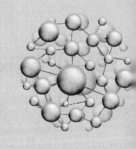

实验 4

UPLC-MS/MS 结合低温液-液萃取法测定葛根芩连汤中的 12 种有效成分

一、 预习要点

1.超高效液相色谱-串联质谱仪的主要组成部件和检测原理。
2.低温液-液萃取的方法。

二、 实验目的

1.了解超高效液相色谱-串联质谱法的基本原理。
2.掌握超高效液相色谱-串联质谱仪的基本操作。
3.了解 UPLC 绿色液相色谱与传统 HPLC 法相比，在中药古方汤药分析中的优势。

三、 实验原理

　　葛根芩连汤是我国中医传统古方，源自东汉末年张仲景的《伤寒论》，具有抑菌、清热、止泻和增强免疫力的作用。药味少，疗效明确，自问世以来，一直得到广泛应用。在葛根芩连汤中主要成分的定量分析工作中，最常用到的是 HPLC 分离与 UV 或二极管阵列检测器（DAD）检测相结合的方法。然而，HPLC-UV 检测靠物质的保留时间定性，所以要求所有待测组分的色谱峰完全分离，增加了色谱分析多组分分离条件选择上的难度。并且由于化合物在色谱行为上的不同，完成多组分的 HPLC 分离是相当耗时的。UPLC 是一种高速分离工具，它解决了 HPLC 费时的问题。MS 是一种通用的检测方法，在多反应监测（MRM）模式下，即使几种分析物色谱峰完全重叠，也一样可以对分析物进行可靠和灵敏的检测。由于葛根芩连汤基质复杂，所以在葛根芩连汤中有效成分的色谱分析工作中必须进行样品预处理。在本实验中，低温液-液萃取与 UPLC-MS/MS 相结合的方法，被应用于葛根芩连汤中 12 种化合物的测定，即葛根素、大豆苷、甘草苷、黄芩苷、黄连碱、药根碱、大豆苷元、小檗碱、巴马汀、汉黄芩苷、黄芩素和汉黄芩素。实现了低温液-液萃取法在中药样品分析中的应用，并且也是首次实现了低温液-液萃取法与 UPLC-MS/MS 技术的结合。

四、仪器与试剂

1. 仪器

超高效液相色谱系统（Waters）并配备有一个二元泵溶液输送系统及自动进样器。MS/MS 检测在 Xevo TQ 四极杆串联质谱仪上进行，配有电喷雾离子源（ESI）。低温冷冻机。

2. 试剂

葛根素（纯度 96.0%）；黄芩苷（纯度 91.7%）；大豆苷元（纯度≥98.0%）；盐酸巴马汀（纯度 86.2%）；硫酸氢小檗碱（纯度≥99.0%）；黄芩素（纯度 98.5%）；汉黄芩素（纯度≥98.0%）；大豆苷（纯度≥98.0%，HPLC）；甘草苷（纯度≥98.0%，HPLC）；黄连碱（纯度 99.5%，HPLC）；盐酸药根碱（纯度 95.5%，HPLC）；汉黄芩苷（纯度≥98.0%，HPLC）；药材葛根；黄芩；黄连；炙甘草。乙腈、甲醇和甲酸为色谱纯，其他试剂均为分析纯；实验用水为二次蒸馏超纯水。

五、实验步骤

1. 样品制备

按照葛根芩连汤处方中的比例，称取葛根 8g、黄芩 3g、黄连 3g、炙甘草 2g，加入 200mL 水浸泡 30min 然后煎煮 2h，药渣再加 200mL 水煎煮 2h，煎煮液趁热用多层纱布过滤，放置冷却，合并两次滤液，加水定容至 500mL，摇匀取 100mL 置于 500.0mL 容量瓶中，加水至刻度，以此作为供试品溶液。

取 3.0mL 供试品溶液和 2.0mL 乙腈置于 15mL 塑料离心管中，涡旋振荡 1min，静置 10min，在 −35℃ 下冷冻 35min。乙腈相经 0.22μm 有机滤膜过滤，以水稀释 10 倍，进样 2.0μL。

2. 色谱条件

UPLC 分离在 Waters Acquity UPLC BEH C18 柱（2.1mm×100mm i.d.，1.7μm）。流动相：（A）甲酸-甲酸铵缓冲溶液（pH=3.2，$HCOONH_4$=20mmol/L）；（B）乙腈。梯度洗脱条件：0~5min，15%~22% B；5~6min，22%~25% B；6~7min，25%~30% B；7~8min，30%~40% B；8~9min，40%~80% B；9~10min，80%~15% B，后运行时间为 3min。强洗液体积 200.0μL（90% 乙腈，0.1% 甲酸），弱洗液体积 600.0μL（10% 乙腈，0.1% 甲酸）。流速 0.45mL/min，进样室温度 15℃，柱温 40℃，进样量 2.0μL。

3. 质谱条件

质谱检测使用 Xevo 四极杆串联质谱仪，配有电喷雾离子源（ESI）。采用多反应监测（MRM）模式进行定量分析。甘草苷的分析使用负离子模式，其他 11 种物质采用正离子模式进行分析。在 MRM MS 方法中，11 种物质的监测模式设为 Function 1，甘草苷的监测模式设为 Function 2。驻留时间设为 0.013s。正离子模式下毛细管电压为 3.2kV，负离子模式下为 2.5kV。其他的电喷雾离子源条件为：脱溶剂气（N_2）温度，500℃；脱溶剂气（N_2）流速，900L/h；锥孔气（N_2）流速，50L/h；碰撞气（Ar）流速，0.18mL/min；离子源温度，150℃。表 4-1 为 12 种化合物的多反应监测（MRM）参数。

表 4-1　12 种化合物的多反应监测（MRM）参数

化合物	ESI 模式	锥孔电压/V	碰撞电压/V	定性离子对/(m/z)	定量离子对/(m/z)	保留时间/min
葛根素	ES+	35	30	417.21→267.10	417.21→297.10	0.90
		35	25	417.21→297.10		
大豆苷	ES+	20	40	417.20→199.10	417.20→255.10	1.29
		20	25	417.20→255.10		
甘草苷	ES-	35	30	417.10→135.00	417.10→255.10	1.98
		35	20	417.10→255.10		
黄芩苷	ES+	30	55	447.20→123.00	447.20→271.10	3.83
		30	30	447.20→271.10		
黄连碱	ES+	60	36	320.10→234.10	320.10→262.10	4.07
		60	35	320.10→262.10		
药根碱	ES+	35	30	338.10→279.00	338.10→322.10	4.29
		35	35	338.10→322.10		
大豆苷元	ES+	40	25	255.20→137.50	255.20→199.10	4.61
		40	25	255.20→199.10		
小檗碱	ES+	40	30	336.10→292.10	336.10→320.10	5.91
		40	30	336.10→320.10		
巴马汀	ES+	40	35	352.10→294.10	352.10→308.10	5.93
		40	30	352.10→308.10		
汉黄芩苷	ES+	30	40	461.20→270.10	461.20→285.10	6.21
		30	25	461.20→285.10		
黄芩素	ES+	50	40	271.10→94.90	271.10→123.00	7.71
		50	30	271.10→123.00		
汉黄芩素	ES+	40	38	285.20→179.00	285.20→179.00	8.54
		40	25	285.20→270.10		

4. 标准曲线的绘制

配置 12 种化合物的一系列梯度浓度，测定峰面积，绘制标准曲线。

六、 数据处理

利用 Origin 作图软件以浓度为横坐标，峰面积为纵坐标，得出各物质的线性回归方程和相关系数（表 4-2）。

表 4-2　12 种化合物的线性回归方程和相关系数

成分	线性回归方程	相关系数
葛根素		

续表

成分	线性回归方程	相关系数
大豆苷		
甘草苷		
黄芩苷		
黄连碱		
药根碱		
大豆苷元		
小檗碱		
巴马汀		
汉黄芩苷		
黄芩素		
汉黄芩素		

七、 注意事项

1. 质谱仪使用前要保证真空度。
2. 测定样品溶液必须经 $0.22\mu m$ 滤膜。

八、 思考题

1. 液质联用和气质联用的异同点分别是什么？
2. 液相色谱-质谱联用仪如何定量？

九、 参考文献

Shi Zhihong，Li Zhimin，Zhang Shulan，et al. Subzero-temperature luquidliquid extraction coupled with UPLC-MS-MS for the simultaneous determination of 12 buoactive components in traditional Chinese medicine Gegen-Qilian decoction [J]. Journal of Separation Science，2015，53：1407-1413.

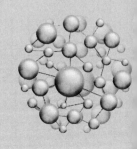

实验 5

糖析辅助液-液萃取法结合高效液相色谱法测定藿香正气口服液中的和厚朴酚与厚朴酚

一、预习要点

1. 糖析辅助液-液萃取的原理和方法。
2. 液相色谱的基本原理和操作。
3. F 检验法和 T 检验法。

二、实验目的

1. 学习藿香正气口服液中和厚朴酚与厚朴酚的测定方法。
2. 掌握高效液相色谱仪的基本操作。
3. 对比 F 检测法和 T 检测法。

三、实验原理

传统中药藿香正气口服液具有解表化湿、理气和中的疗效，可用于外感风寒，内伤湿滞或夏伤暑湿所致的感冒、头痛昏重、胸膈痞闷、脘腹胀痛、呕吐泄泻等。藿香正气口服液是暑天家庭常备药，文献中多数以和厚朴酚与厚朴酚（化学结构式见图 5-1）作为其质量控制指标。本实验建立了糖析辅助液-液萃取法结合 HPLC 测定藿香正气口服液中和厚朴酚与厚朴酚的方法。

和厚朴酚　　　　厚朴酚

图 5-1　和厚朴酚（Honkiol）与厚朴酚（Magnolol）的结构式

四、 仪器与试剂

1. 仪器

高效液相色谱仪（配紫外检测器），反相 C18 色谱柱（150mm×4.6mm，5μm，Diamonsil），色谱柱恒温箱；pH 计；旋涡混合器；电子分析天平；超低温冷冻储藏箱；SHA-C 水浴恒温振荡器；旋转蒸发。

2. 试剂

厚朴、厚朴酚、藿香正气口服液、乙腈、甲酸、实验用水（二次蒸馏水）。

五、 实验步骤

1. 样品制备

将藿香正气口服液用水稀释 10 倍，作为样品溶液。在 5.0mL 塑料离心管中加入 0.8g 蔗糖，之后加入 1.0mL 样品溶液和 2.0mL 乙腈，涡旋 3min，pH=5.4（用 0.5mol/L 磷酸和 0.4mol/L 氯化钠调节），静置分相。用 1.0mL 塑料注射器移取上层有机相，并记录体积，过 0.22μm 滤膜之后进样，进样体积 5.0μL。

2. 色谱条件

反相 C18 色谱柱（150mm×4.6mm，5μm，Diamonsil）；流动相：乙腈-甲酸水溶液（0.05%甲酸）=60∶40，流速 0.8mL/min，柱温 30℃，进样量 5.0μL；检测波长 254nm。

3. 标准曲线的绘制

精密移取和厚朴酚与厚朴酚的标准储备液，用甲醇稀释成浓度为 0.50μg/mL、5.00μg/mL、10.00μg/mL、20.00μg/mL、30.00μg/mL、40.00μg/mL 和 50.00μg/mL 的标准溶液，每个浓度进样 3 次，根据峰面积和对应的浓度计算线性方程和相关系数。

六、 数据处理

利用 Origin 软件绘制标准曲线，得到线性回归方程和相关系数（表 5-1）。

表 5-1　两种物质的峰面积

浓度/（μg/mL）	峰面积（厚朴酚）	峰面积（和厚朴酚）
0.50		
5.00		
10.00		
20.00		
30.00		
40.00		
50.00		

七、 注意事项

1. 等度洗脱和梯度洗脱有何区别？
2. 实验过程中有哪些需要注意的地方？

八、 思考题

查阅文献，对比其他方法有何优缺点？

九、 参考文献

Zhihong Shi，Zhimin Li，Lingna Qiu，et al. Sugaring-out assisted liquid/liquid extraction coupled with HPLC for the analysis of Honokiol and Magnolol in traditional chinese Herbal Formula Huoxiang-Zhengqi Oral Liquid. Journal of Liquid Chromatography & Related Technologies，2015，38：722-728.

实验 6

石墨烯固相萃取-超高效液相色谱串联质谱法测定环境水样中的氨基甲酸酯类农药

一、 预习要点

1. 超高效液相色谱-串联质谱仪的主要组成部件和检测原理。
2. 氨基甲酸酯类农药的结构和性质。

二、 实验目的

1. 了解超高效液相色谱-串联质谱法的基本原理。
2. 掌握超高效液相色谱-串联质谱仪的基本操作。
3. 学习环境水样中农药残留的检测方法。

三、 实验原理

氨基甲酸被各类取代基取代所组成的酯类，即氨基甲酸酯类。氨基甲酸酯能在一定范围内降解，但是由于过量使用，在水果、蔬菜和谷物中，经常会发现它们的残留。本实验中，用实验室自制的石墨烯装填了 SPE 柱，用于环境水中氨基甲酸酯类农药的萃取。六种氨基甲酸酯类农药分别为抗蚜威、残杀威、甲萘威、异丙威、仲丁威和乙霉威，它们的结构如图 6-1 所示。这些化合物的结构中含有苯甲基、萘基或嘧啶基，所以它们能与具有大的离域 π 电子体系的石墨烯形成 π-π 相互作用，这样就会选择性地吸附在石墨烯上。

本实验采用 UPLC-MS/MS 对氨基甲酸酯类农药进行高效、快速、高灵敏度的检测。离子化方式为电喷雾电离（ESI），多反应监测（MRM）模式进行检测。

四、 仪器与试剂

1. 仪器

ACQUITY 超高效液相色谱，此系统包含一个二元输送系统和一个自动进样器。MS/

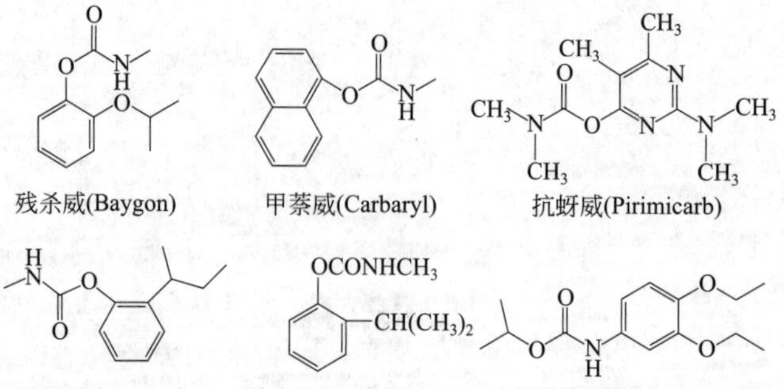

图 6-1　六种氨基甲酸酯类农药的结构图

MS 检测在 Xevo TQ 串联四极杆质谱上进行，并配有电喷雾离子源（ESI）。JEM-100SX 透射电镜（TEM），JEM-7500F 扫描电镜（SEM）和 TU-1901 紫外-可见分光光度计用于石墨烯的表征。

固相萃取实验在 HSE 固相萃取装置上进行。氮吹在 MTN-2800D 氮吹浓缩装置上进行。

2. 试剂

对照品抗蚜威（Pirimicarb，99.2%）、乙霉威（Diethofencarb，99.5%）、残杀威（Baygon，99.5%）、异丙威（Isoprocarb，99.2%）、甲萘威（Carbaryl，99.5%）和仲丁威（Baycard，99.5%）。氨基甲酸酯类标准储备液用甲醇溶解在棕色容量瓶中，并储存于 −18℃。工作溶液通过用水稀释储备液来获得。石墨粉（99%）和水合肼（50%）。$KMnO_4$，P_2O_5，$K_2S_2O_8$，H_2O_2（30%）和浓 H_2SO_4 均为分析纯试剂，乙腈、甲酸和甲醇均为色谱级试剂。实验用水为二次蒸馏水。空的固相萃取柱管（3mL）和固相萃取筛板、AGT Cleanert ODS C18、VARIAN Bond Elut PRS 柱、Envi-carb graphitized carbon black cartridges。

五、实验步骤

1. 石墨烯的合成

将盛有 12mL 浓硫酸的小烧杯放在 80℃水浴中，并向烧杯中加入 2.5g $K_2S_2O_8$ 和 2.5g P_2O_5。精密称取石墨粉 3g 加入小烧杯中，搅拌混匀，保持 80℃ 4.5h。水浴后用 0.5L 的水稀释并放置一夜。然后混合物过 0.2μm 的尼龙滤膜。用 1L 水洗涤。产物在室温条件下干燥。在冰水浴下将预氧化石墨加入到 120mL 的浓硫酸中，加入 15g $KMnO_4$ 并不断搅拌。切记控制加入的速度以防止温度超过 20℃。混合物在 35℃搅拌 2h 并在冰水浴中用 250mL 的水稀释保持温度在 50℃以下。继续搅拌 2h 并用 0.7L 水稀释。加入水后，立即加入 20mL 30% 的 H_2O_2，此时颜色变为黄色并有气体生成。待无气体冒出后，5000r/min 离心 10min。倒掉上层清液，用 1L HCl（1∶10，体积比）清洗。洗掉金属离子，然后用水洗涤，直到 pH＝7 为止。酸洗时，固体为暗黄色，但是水洗时，颜色变为灰褐色，而且随着洗的次数的增加，黏度随之增大，呈糖浆状。水洗后，放在烘箱内，50℃烘干。称取氧化石墨 0.5g，配成 1mg/mL 的分散液，超声 1h 后，氧化石墨烯分散液形成。向分散液加入 12mL 的 50% 的水合肼。在 95℃下回流 24h。随着反应的进行，黑色的石墨烯固体小颗粒逐渐形成，过滤，并用水洗涤后在 50℃下烘干。

2. 固相萃取过程

首先在空柱管中放入筛板（防止吸附剂的损失），然后放入 30mg 的石墨烯，再放上筛板。在萃取前，固相萃取柱分别用 3mL 甲醇、丙酮、乙腈和 9mL 的双蒸水预处理。样品溶液 50mL 以 1mL/min 的流速通过柱子。然后用 5mL 的丙酮洗脱留在柱子上的分析物。收集洗脱液在氮气流下吹干。然后残留物质用 1mL 20%的乙腈复溶。溶液过 0.22μm 的滤膜，取 10μL 进行 UPLC-MS/MS 分析。

3. 色谱条件

色谱分离在 ACQUITY UPLC BEH C18 柱（2.1mm×100mm i.d.，1.7μm，Waters）上进行，前面配有 BEH C18 VanGuardTM 预柱（2.1mm×5mm i.d.，1.7μm，Waters）。流动相由 A（0.1%的甲酸溶液）和 B（乙腈）两种溶液组成。梯度洗脱条件是：0～4min，B 的线性梯度为 30%～40%；4～6min，B 的线性梯度为 40%～45%；6～6.5min，B 的线性梯度为 45%～90%；6.5～6.6min，B 从 90%降到 30%；6.6～8.0min，保持 B 含量为30%。流速为 0.4mL/min。强洗液（90%的乙腈，0.1%的甲酸水溶液）体积为 200μL。弱洗液（10%的乙腈，0.1%的甲酸水溶液）体积为 600μL。柱温为 40℃，进样器温度为15℃。进样体积为 10μL。

4. 质谱条件

质谱检测在 Xevo TQ 串联四极杆质谱仪上进行，配有电喷雾离子源（ESI）。离子源条件如下：源温度为 150℃；脱溶剂气（N$_2$）温度为 550℃；脱溶剂气（N$_2$）流速为 850L/h；锥孔气（N$_2$）流速为 50L/h；毛细管电压为 4.00kV；碰撞气（Ar）流速为 0.15mL/min。六种化合物都是在正离子模式下分析，并且选择多反应监测（MRM）模式进行定量。优化的多反应监测（MRM）参数列于表 6-1。

表 6-1　六种氨基甲酸酯类农药的多反应监测（MRM）参数

农药	锥孔电压/V	碰撞电压/V	定性离子对/（m/z）	定量离子对/（m/z）
异丙威	22	14	194.2→95.0	194.2→95
	22	8	194.2→137.1	
甲萘威	20	25	202.05→127.05	202.05→145
	20	12	202.05→145.0	
仲丁威	20	15	208.09→95.0	208.09→95
	20	8	208.09→152.0	
残杀威	15	15	210.15→111.0	210.15→111
	15	8	210.15→168.1	
抗蚜威	28	20	239.17→72.0	239.17→72
	28	16	239.17→182.1	
乙霉威	16	30	268.18→124.03	268.18→226.15
	16	10	268.18→226.15	

5. 标准曲线的制备

配置系列浓度混合标准工作液，进行 UPLC-MS/MS 测定。以峰面积为纵坐标，工作溶液浓度（ng/mL）为横坐标，绘制标准工作曲线。抗蚜威0.005～5µg/L；乙霉威0.025～50µg/L；残杀威0.025～100µg/L；异丙威0.025～100µg/L；甲萘威0.01～200µg/L；仲丁威0.025～100µg/L。

6.样品测定

在相同的仪器操作条件下，测定样品溶液。用标准工作曲线对样品进行定量。

六、 数据处理

1.根据色谱图和质谱图分析和确证水样中是否含有氨基甲酸酯类农药。

2.利用Origin软件绘制标准曲线，得到线性回归方程、相关系数和线性范围数据。

3.计算样品中氨基甲酸酯类农药的含量（表6-2和表6-3）。

表6-2　三种物质的峰面积（1）

浓度/（µg/L）	峰面积（抗蚜威）	浓度/（µg/L）	峰面积（乙霉威）	浓度/（µg/L）	峰面积（甲萘威）
0.05		0.025		0.01	
20		10		40	
30		20		80	
40		30		120	
50		40		160	
		50		200	

表6-3　三种物质的峰面积（2）

浓度/（µg/L）	峰面积		
	残杀威	异丙威	仲丁威
0.025			
20			
40			
60			
80			
100			

七、 注意事项

1.使用的流动相溶剂应为HPLC级，水为超纯水。

2.流动相溶剂及测试样品溶液必须经0.22µm滤膜过滤。

3.做实验时，要关注真空度、柱压、氮气和氩气的压力变化。

4.实验完毕应及时冲洗色谱系统和质谱系统。

八、 思考题

1.超高效液相色谱有哪些优点？

2. 何为多反应监测（MRM）模式？

3. 使用超高效液相色谱-串联质谱仪时应注意哪些实验细节？

九、 参考文献

Zhihong Shi，Junda Hu，Qi Li，et al. Graphene based solid phase extraction combined with ultra high Performance liquid chromatography-tandem mass spectrometry for carbamate pesticides analysis in environmental water samples. Journal of Chromatography A，2014，1355：219-227.

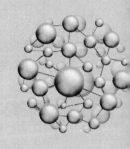

实验 7

碳纤维分散微固相萃取-气相色谱四极杆质谱测定茶水中的多环芳烃

一、预习要点

1. 固相萃取的步骤。
2. 气相色谱四级杆质谱测定的原理和方法。
3. 多环芳烃的结构和性质。

二、实验目的

1. 了解气质联用的基本原理。
2. 掌握气质联用的基本操作。
3. 学习固相萃取的样品前处理方法。

三、实验原理

茶是中国最受欢迎的饮料之一，是一种通过酿造干燥的叶子、花、枝条或茶树芽制成的芳香饮料，其中含有大量的儿茶酸、类黄酮、咖啡因和氨基酸。经常饮茶对身体有许多益处，比如降低患癌症的风险、预防心脏病、降低胆固醇，并具有抗氧化和抗菌活性。然而，由于有机污染物如多环芳烃（PAH）、重金属和杀虫剂对茶树的污染，有可能会威胁到茶饮用者的健康。由于 PAH 通常以痕量水平存在于茶叶样品中，无法直接测定，因此，在进行仪器分析之前，需要采用有效的萃取富集技术。在本文中，将原棉于 800℃ 在氮气保护下进行炭化来合成碳纤维（CF），经表征后，用作分散微固相萃取（d-μSPE）吸附剂从茶汤样品中萃取 PAH，最终将本文所建立的方法用于测定茶汤样品中的蒽（ANT）、苊（ACE）和菲（PHE）。

四、仪器与试剂

1. 仪器

电热真空干燥箱、固相萃取仪、超声波清洗器、pH 酸度计、磁力搅拌器、电子分析天平、X 射线粉末衍射仪、管式炉、自动蒸馏水器。

2. 试剂

甲苯、乙腈、丙酮、甲醇、氯化钠、蒽、苊、菲，实验用水为二次蒸馏水。

五、实验步骤

1. 标准储备液浓度和样品的制备

三种 PAH 的标准储备液浓度为 1mg/mL，混合标准储备液浓度为 0.5mg/mL，用色谱纯甲醇配制并于 4℃ 避光保存。实验用水均为二次蒸馏水。三种不同的茶叶样品从当地的一家超市购买。将每份样品取 0.6g 放入沸水（10mL）中浸泡 30min。然后，过滤茶液并稀释 5 倍。样品在不使用时保存在 4℃ 冰箱中。

2. 气相色谱条件

色谱柱：HP-5MS 毛细管（30m×0.25mm×0.25μm）。

升温程序如下：初始温度为 50℃，以 15℃/min 升温至 170℃，保持 0.5min，再以 7℃/min 升至 220℃，保持 0.5min。

电离方式：EI。

电离能量：70eV。

测定方式：选择离子监测模式。

进样方式：无分流进样。

进样体积：1μL。

进样口温度：250℃。

质谱源：230℃。

四级杆温度：150℃。

记录下列碎片离子：m/z 151，152，153（从 8.00～10.60min）；m/z 178.1，207（从 10.6～12.5min）；m/z 178，179，207（从 12.5min 至分析结束）。

3. 碳纤维的合成

碳纤维以简单、快速和节约成本的工艺进行合成。程序如下：将原棉（约 4.1g）用双蒸水和乙醇洗涤三次以去除表面杂质并在 80℃ 干燥 2h。将原棉置于石英舟中，氮气气氛下，在 800℃ 的管式炉中炭化 4h，加热速率为 5℃/min，最后得到黑色固体。放入玛瑙研钵中研成粉末状，保存在干燥器中备用。

4. 萃取过程

将固相萃取小柱连接膜过滤器，向其中加入玻璃棉（约 1cm）。精确称量 20mg 碳纤维置于固相萃取小柱内。萃取过程如图 7-1 所示。首先，碳纤维先用 2mL 甲醇和 2mL 水活化。其次，将 10mL 待处理的样品放入固相萃取小柱中，加入 150g/L 的 NaCl，超声萃取 5min，使得分析物与分散到样品中的吸附剂相互作用完全。将样品溶液从固相萃取柱中滤出，并用 2mL 水清洗分析物吸附的碳纤维。经真空过滤除去水之后，用 2mL 甲苯洗脱分析物（超声处理 2min 以确保完全洗脱），将获得的洗脱液通过 0.22μm 滤膜过滤。进样 1μL 用于 GC-MS 分析。

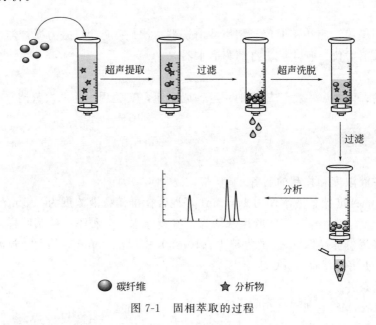

● 碳纤维　　　★ 分析物

图 7-1　固相萃取的过程

5. 形态观察

通过 X 射线粉末衍射仪观察表面形态结构。

六、　数据处理

1. 与标准谱图比较，确定三种物质的出峰顺序。
2. 利用 Origin 软件绘制标准曲线，得到线性回归方程和相关系数（表 7-1）。

表 7-1　三种物质的峰面积

浓度/(μg/L)	峰面积		
	蒽	苊	菲
0.05			
0.4			
0.8			
1.2			
1.6			
2.0			

七、　注意事项

1. 使用前要检查气源是否充足，仪器的真空度是否符合要求？
2. 样品溶液必须经 0.22μm 滤膜过滤。

3.必须严格按照操作规程使用仪器。

八、 思考题

1.简述气相色谱-质谱仪的组成以及各部分的作用。

2.样品萃取时有哪些注意事项？

九、 参考文献

Zhihong Shi，Jing Jiang，Weiyue Pang，et al. Dispersive micro-solid phase extraction using cotton based carbon fiber sorbent for the determination of three polycyclic aromatic hydrocarbons in tea infusion by gas chromatography-quadrupole mass spectrometry. Microchemical Journal，2019，151：104209.

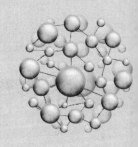

实验 8

智能手机三原色归一化法测定水中亚硝酸根

一、预习要点

1. 了解 RGB color picker 软件的基本功能。
2. 预习归一化法的原理和方法。

二、实验目的

1. 掌握 RGB 归一化法测定水中亚硝酸根的基本方法。
2. 熟练运用 RGB color picker 软件。

三、实验原理

对于某一特定的样品，其溶液颜色具有客观性，在不同的拍摄条件下其颜色应是不变的，也就是说其颜色的 R、G 和 B 间比例是不变的。亚硝酸根离子在酸性条件下与对氨基苯磺酸反应生成重氮衍生物，亚硝酸根衍生后的最终产物有颜色（红色），之后进行智能手机三原色的测定，得到的 R、G 和 B 值采取归一化处理。归一化处理后的 R、G 和 B 的各物理量分别用 R_N、G_N 和 B_N 表示，其中 R_N 的定义如下（G 和 B 的归一化处理与此类似）：

$$R_N = \frac{R}{R+G+B} \tag{8-1}$$

由标准偏差的递变规律，有：

$$
\begin{aligned}
S_{R_N}^2 &= \left(\frac{\partial R_N}{\partial R}\right)^2 s_R^2 + \left(\frac{\partial R_N}{\partial G}\right)^2 s_G^2 + \left(\frac{\partial R_N}{\partial B}\right)^2 s_B^2 \\
&= \frac{(G+B)^2}{(R+G+B)^4} s_R^2 + \frac{R^2}{(R+G+B)^4} s_G^2 + \frac{R^2}{(R+G+B)^4} s_B^2
\end{aligned}
\tag{8-2}
$$

式（8-2）除以式（8-1）的平方，有：

$$
\frac{S_{R_N}^2}{R_N^2} = \left[\frac{(G+B)^2}{(R+G+B)^4} s_R^2 + \frac{R^2}{(R+G+B)^4} s_G^2 + \frac{R^2}{(R+G+B)^4} s_B^2 \right] \frac{(R+G+B)^2}{R^2}
$$

$$= \frac{(G+B)^2}{R^2(R+G+B)^2}s_R^2 + \frac{1}{(R+G+B)^2}s_G^2 + \frac{1}{(R+G+B)^2}s_B^2 \tag{8-3}$$

由所选择的显色体系 R、G 和 B 的实验值不难获得：$RSD_{R_N} \ll RSD_R$

四、仪器与试剂

1. 仪器

恒温水浴锅，智能手机，RGB 读取软件为 RGB color picker（版本 1.6，可从其官网免费下载）。自制便携式拍摄箱体 I，灯线长度 2m，灯为普通节能灯，工作环境 220V、35mA、功率为 5W。箱体 II，灯线长度 0.8m，接口标准 USB2.0，工作环境 5V、500mA、功率 2.6W。灯罩长 13.5cm，宽 1.3cm，质量 2.80g，箱体内衬 A4 纸。箱体为纸质三合板。箱体 I 和箱体 II 的主要区别在于拍摄的照明灯，箱体 I 用的是普通的节能灯，需要 220V 的交流电源；而箱体 II 用的光源是不存在频闪的 LED 灯，且只需直流供电即可。

2. 试剂

亚硝酸钠、对氨基苯磺酸、1-萘胺、浓盐酸、甲醇，以上药品均为分析纯；实验用水均为二次蒸馏水，水样为市售矿泉水。

五、实验步骤

1. 配置亚硝酸钠、对氨基苯磺酸和 1-萘胺储备液

将 200mg 干燥的 $NaNO_2$ 溶解到 100mL 容量瓶中，然后取 10mL 到 100mL 容量瓶中定容，配制成储备液备用。将 1.0g 对氨基苯磺酸溶解在 100mL 盐酸中（0.5mol/L），45℃ 超声水浴中反应。置于冰箱中保存。将 100mg 1-萘胺溶解于 100mL 甲醇（50%）中。上述配制的溶液均保存于冰箱中备用。

2. 格瑞斯反应

在 10mL 比色管中加入 5.0mL 由储备液稀释得到的 500ng/mL $NaNO_2$ 溶液、1.0mL 对氨基苯磺酸（10mg/mL）和 1.0mL 1-萘胺（1.0mg/mL），混合均匀，反应时间 10min。

3. 线性拟合

在上述的实验条件下，准确移取标准溶液制成系列溶液（在 150～200ng/mL 范围内）之后进行智能手机三原色的测定。记录 R、G、B 和 R_N 的值（表 8-1）。

表 8-1　不同浓度下的 R、G、B、R_N 值

系列浓度/（ng/mL）	R	G	B	R_N
150				
160				

续表

系列浓度/（ng/mL）	R	G	B	R_N
170				
180				
190				
200				

六、 数据处理

1. 计算出 R_N。

2. 以 R_N 对浓度（在 150～200ng/mL 范围内）进行线性拟合，得出线性方程。

七、 注意事项

1. 注意拍摄的条件物距，灯位置，灯光强度发生变化时测量的 R、G、B 值。

2. 格瑞斯反应要保证在稀酸的环境中进行。

八、 思考题

1. 查阅文献，对比其他测定亚硝酸根的方法？

2. 绘制标准曲线时应注意什么？

九、 参考文献

闫菲，姚倩倩，黄征，等. 智能手机三原色归一化法测定水中亚硝酸根 [J]. 化学教育，2016，37（10）：70-74.

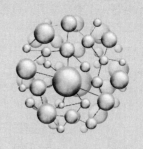

实验 9

电化学循环伏安研究及生物传感应用实验

一、预习要点

1. 电化学工作站的使用及相关方法原理。
2. 电流型生物传感器的构建及原理。
3. 蛋白质、酶生物大分子的生物电化学现象。

二、实验目的

1. 掌握循环伏安法测定电极反应参数的基本原理和方法。
2. 掌握固相电化学酶传感器的制备方法及性能表征。
3. 了解蛋白质的直接电化学及电催化生物电化学现象及原理。

三、实验原理

循环伏安法是最重要的电分析化学研究方法之一。对于一个新的电化学体系，首选的研究方法往往就是循环伏安法，可称之为"电化学的谱图"。它主要用于电极反应机理的研究而非定量分析。

根据循环伏安图可以判断电极反应的可逆程度，中间体形成的可能性、相界吸附以及偶联化学反应的性质等。可用来测量电极反应参数，判断其控制步骤和反应机理。本实验以循环伏安法研究 $K_3Fe(CN)_6$ 在不同扫描速度、不同浓度下在固态电极上氧化还原的电化学响应。

典型的循环伏安法中电位施加方法及循环伏安图如图 9-1 所示。

从循环伏安图中可得到阳极峰电流 $(i_p)_a$、阳极峰电位 $(\varphi_p)_a$、阴极峰电流 $(i_p)_c$、阴极峰电位 $(\varphi_p)_c$ 等重要参数，从而提供电活性物质电极反应过程的可逆性、化学反应历程、电极表面吸附等许多信息。

铁氰化钾离子 $\left[Fe(CN)_6^{3-}\right]$ 和亚铁氰化钾离子 $\left[Fe(CN)_6^{4-}\right]$ 氧化还原电对的标准电极电位为：

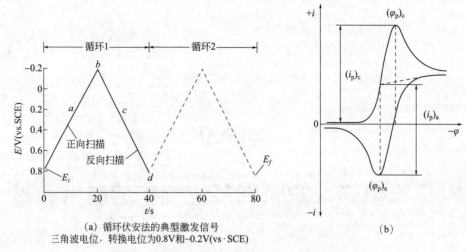

（a）循环伏安法的典型激发信号
三角波电位，转换电位为0.8V和-0.2V(vs·SCE)　　　（b）

图 9-1　循环伏安法中电位施加方法及循环伏安图

$$Fe(CN)_6^{3-} + e^- \Longrightarrow Fe(CN)_6^{4-}, E^\ominus = 0.36V(vs. NHE)$$

电极电位与电极表面活度的 Nernst 方程式为：

$$\varphi = \varphi^{\ominus\prime} + RT/F \ln(c_{Ox}/c_{Red})$$

在一定扫描速率下，从起始电位（-0.2V）正向扫描到转折电位（+0.8V）期间，溶液中 $Fe(CN)_6^{4-}$ 被氧化生成 $Fe(CN)_6^{3-}$，产生氧化电流，阳极反应为：

$$Fe(CN)_6^{4-} - e^- \longrightarrow Fe(CN)_6^{3-}$$

当负向扫描从转折电位（+0.8V）变到原起始电位（-0.2V）期间，在指示电极表面生成的 $Fe(CN)_6^{3-}$ 被还原生成 $Fe(CN)_6^{4-}$，产生还原电流，阴极反应为：

$$Fe(CN)_6^{3-} + e^- \longrightarrow Fe(CN)_6^{4-}$$

为了使液相传质过程只受扩散控制，应在加入电解质和溶液处于静止下进行电解。在 $0.1mol/L$ KCl 溶液中 $Fe(CN)_6^{3-}$ 的扩散系数为 $7.6 \times 10^{-6} cm^2/s$，电子转移速率大，为可逆体系。

氧化还原蛋白质在电极上的直接电化学研究，对于理解和认识它们在生命体内的电子转移机制和生理作用具有重要意义。电流型葡萄糖电化学传感器是其中应用的典型例子之一。

电流型电极［以葡萄糖氧化酶（GOD）为例］的催化过程可由以下方程式表示：

$$\beta\text{-D-葡萄糖} + GOD(FAD) \longrightarrow \text{葡萄糖-}\delta\text{-内酯} + GOD(FADH_2) \tag{1}$$

$$GOD(FADH_2) + O_2 \longrightarrow GOD(FAD) + H_2O_2 \tag{2}$$

$$\text{葡萄糖-}\delta\text{-内酯} + H_2O \longrightarrow \text{葡萄糖酸} \tag{3}$$

当葡萄糖与葡萄糖氧化酶接触时，首先发生的反应是由酶引起的葡萄糖的氧化，同时辅酶黄素腺嘌呤二核苷酸（FAD）被还原为 $FADH_2$，即反应式（1）。在反应式（1）中生成的 $GOD(FADH_2)$ 被分子氧氧化，生成过氧化氢，实现生物催化剂的再生的过程，即反应式（2）。反应式（1）中生成的葡萄糖酸内酯在水环境中水解为葡萄糖酸，即反应式（3）。

四、仪器与试剂

1. 仪器

电化学工作站、恒温水浴振荡器、磁力搅拌器、超声清洗器、电子分析天平、pH 计、玻碳电极、氯化银参比电极、铂丝对电极、移液器。

2. 试剂

（1）葡萄糖氧化酶、辣根过氧化物酶。

（2）葡萄糖、过氧化氢、铁氰化钾、Nafion、磷酸二氢钠、磷酸氢二钠、氯化钾。

五、 实验步骤

1. 溶液配制

（1）配制浓度为 0.01mol/L 铁氰化钾标准溶液 100mL $[M_{K_3Fe(CN)_6} = 329.25g/mol$，称量 0.3293g 于 100mL 容量瓶定容]；1.0mol/L 氯化钾标准溶液 100mL（$M_{KCl} = 74.551$，100mmol/L 氯化钾支持电解质，称量 7.455g 于 100mL 容量瓶定容）；0.1mol/L 氯化钾标准溶液 50mL。

（2）分别准确移取 0.00mL、2.00mL、4.00mL、6.00mL、8.00mL、10.00mL 的 0.01mol/L 铁氰化钾标准溶液于 100mL 容量瓶中，再分别向容量瓶中加入 10mL 1.0mol/L 氯化钾标准溶液，加蒸馏水稀释至刻度线，摇匀。所配铁氰化钾标准溶液的浓度分别为 0mol/L、2×10^{-4} mol/L、4×10^{-4} mol/L、6×10^{-4} mol/L、8×10^{-4} mol/L、1×10^{-3} mol/L，氯化钾浓度为 0.1mol/L。

2. 工作电极的预处理

将工作电极依次用金相砂纸、$0.05\mu m$ Al$_2$O$_3$ 粉末抛光，用超声清洗器清洗 3min，晾干（高纯氮气吹干）备用（注意：固态电极的表面状态对循环伏安图的影响很大，尤其是易吸附物质，必须进行抛光处理。固体电极表面的第一步处理是进行机械研磨、抛光至镜面程度。最常用于抛光电极的材料是粒径在微米级的 Al$_2$O$_3$ 粉。抛光后洗去表面污物，必要时再移入超声水浴中清洗，每次 2~3min，直至清洗干净，得到一个平滑光洁的电极表面。此外，新的玻碳电极在打磨前可预先进行酸化处理，具体方法为：把玻碳电极放置在 0.5mol/L 的硫酸溶液中，用循环伏安（CV）法扫描 100 圈，得到稳定曲线。酸化处理是为了除去可能的杂质，并非检验电极是否打磨好；在铁氰化钾溶液中扫描测定电位差，才是检验电极是否处理好的步骤）。

参比电极（在测量过程中提供一个恒定的电极电位标准，常使用饱和甘汞电极或 Ag/AgCl 电极）实验前要检查电极内是否充满溶液，小管内应无气泡。同时应将电极下端之胶帽及电极上部的小胶皮塞拔下。去离子水冲洗干净备用。

辅助电极（提供电子传导的场所，与工作电极组成电池形成通路的电极，一般由惰性金属材料构成）用去离子水冲洗干净备用。

3. 选择方法并设置参数

将准备好的玻碳电极、饱和甘汞电极和铂丝电极安放在电极架上，依次接上工作电极（绿线）、参比电极（黄线）和辅助电极（红线）；启动计算机和电化学工作站测试系统，双击电化学工作站图标进入工作站软件控制主页面；选择实验方法：线性扫描循环伏安法；设置方法参数如下：静止时间为 3s，低电位为 −200mV，高电位 800mV，初始电位 −200mV，扫描速度为 50mV/s，取样间隔为 2mV，扫描次数为 1，量程为 1.0×10^{-5} A。

4. 循环伏安测试

（1）持电解质的循环伏安图 在电解池中放入 0.1mol/L KCl 溶液，插入电极，进行循环伏安扫描，记录循环伏安图。

（2）同浓度 $K_3[Fe(CN)_6]$ 溶液的循环伏安图 将配制的不同浓度的铁氰化钾标准溶液（均含支持电解质，氯化钾浓度为 0.1mol/L）按浓度由低到高依次倒入电解池中（25～30mL，确保三电极体系全部浸入液面以下），盖好电解池盖，启动工作站，待扫描结束后将图像保存于电脑中，并分别记录循环伏安图的 $(i_p)_a$、$(i_p)_c$、$(\varphi_p)_a$、$(\varphi_p)_c$ 值。

（3）不同扫描速率下 $K_3[Fe(CN)_6]$ 溶液的循环伏安图 取 25～30mL 浓度为 1.0×10^{-3}mol/L 的铁氰化钾溶液（氯化钾浓度为 0.1mol/L）于电解池中，分别以 10mV/s、50mV/s、100mV/s、200mV/s、300mV/s、400mV/s、500mV/s、600mV/s、700mV/s、800mV/s、900mV/s 在 −0.2～+0.8V 电位范围内扫描，观察不同扫描速率下循环伏安图的变化趋势，记下每次所得循环伏安图上氧化还原峰电位 $(\varphi_p)_a$、$(\varphi_p)_c$ 值及峰电流 $(i_p)_a$、$(i_p)_c$ 值。

5. 酶电极的制备及性能测试

（1）固定化酶（以葡萄糖氧化酶为例） 将葡萄糖氧化酶干粉配制成一定浓度的酶溶液，取 5mL 酶溶液垂直滴加在玻碳电极表面（黑色圆心部位），4℃静置 12h。取出电极用磷酸缓冲溶液（0.1mol/L，pH7.0）冲洗掉未固定的酶。

（2）Nafion 膜固封电极 用微量移液器准确移取 5μL 0.5% Nafion 溶液滴涂于电极表面，4℃干燥，备用。电极在不使用的情况下，4℃保存。

（3）酶电极作为工作电极，应使用三电极体系在 PBS 溶液中进行 CV 测试，扫描电位 −0.2～+0.8V，观察 CV 图；向 PBS 电解液中加入一定浓度葡萄糖溶液（或过氧化氢）观察催化电流的变化。

六、 数据处理

1. 从不同浓度 $K_3[Fe(CN)_6]$ 溶液的循环伏安图中，记录 $(\varphi_p)_a$、$(\varphi_p)_c$、$(i_p)_a$、$(i_p)_c$ 值（表 9-1）。

表 9-1　数据处理表 1

$c/(mol/L)$	扫速/(V/s)	$(\varphi_p)_a$	$(\varphi_p)_c$	$(i_p)_a$	$(i_p)_c$
0.0×10^{-3}	0.05				
0.2×10^{-3}	0.05				
0.4×10^{-3}	0.05				
0.6×10^{-3}	0.05				
0.8×10^{-3}	0.05				
1.0×10^{-3}	0.05				

2. 从浓度为 1.0×10^{-3}mol/L $K_3[Fe(CN)_6]$ 溶液在不同扫描速率下的循环伏安图中，记录峰电位 $(\varphi_p)_a$、$(\varphi_p)_c$ 值及峰电流 $(i_p)_a$、$(i_p)_c$ 值（表 9-2）。

表 9-2 数据处理表 2

扫描速率/(V/s)	$(\varphi_p)_a$	$(\varphi_p)_c$	$(i_p)_a$	$(i_p)_c$
0.01				
0.05				
0.1				
0.2				
0.3				
0.4				
0.5				
0.6				
0.7				
0.8				
0.9				

3. 识别循环伏安曲线上对应的氧化峰和还原峰,并观察它们与电位扫描方向的关系;比较不同扫描速率、不同浓度的循环伏安图,说明其变化趋势。

4. 从以上所作的循环伏安图上［步骤 4(2) 和 4(3) 所保存的图中各选取两个图］分别求出 ΔE_p、$(i_p)_a/(i_p)_c$ 等参数,判断 $K_3Fe(CN)_6$ 电极反应的可逆性。

5. 根据表 9-1 中数据,分别绘制氧化峰电流、还原峰电流和铁氰化钾浓度关系曲线,找出它们之间的对应关系;观察氧化峰电位和还原峰电位的变化情况。

6. 根据表 9-2 中数据,分别绘制氧化峰电流、还原峰电流和扫描速率 1/2 次方($v^{1/2}$)关系曲线,找出它们之间的对应关系。

7. 计算所使用的玻碳电极的有效面积。［所用参数:电子转移数 $n=1$,$K_3Fe(CN)_6$ 的扩散系数 $D=7.6\times10^{-6}\ cm^2/s$］

8. 记录酶电极在含有(和不含有)葡萄糖溶液时的 CV 图,并对峰电流大小和位置进行对比,记录催化电流数值。

七、 注意事项

1. 酶溶液配制时注意使用超纯水,防止混入金属离子和有机试剂等,以保证酶不变性。

2. 制备酶电极时,滴涂酶溶液要均匀;电极干燥时要放在干燥器内,保证环境清洁防止电极污染。

八、 思考题

1. 影响实验结果的因素有哪些?

2. 实验为什么要使用三电极体系?

3. 如何判断碳电极表面已处理好?

4. 从循环伏安图可以得出哪些电极反应的参数? 从这些参数如何判断电极反应的可

逆性？

5.查阅一篇有关循环伏安法的文献，并指出该文献使用了循环伏安图的哪些信息，得到了什么样的结论？

6.查阅文献，总结影响蛋白质直接电化学信号的因素有哪些？

九、 参考文献

［1］武汉大学.分析化学实验. 4 版.北京：高等教育出版社，2005.

［2］张学记，鞠熀先，约瑟夫·王.电化学与生物传感器.北京：化学工业出版社，2009.

［3］董邵俊，车广礼，谢远武.化学修饰电极.修订版.北京：科学出版社，2003.

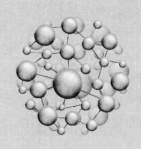

实验 10

胶束电动毛细管色谱法同时分离测定绿豆芽中 5 种植物激素

一、预习要点

1. 胶束电动毛细管色谱法的原理。
2. 学会并能够操作毛细管电泳仪。

二、实验目的

1. 学习胶束电动毛细管色谱法的基本原理与方法。
2. 掌握毛细管电泳仪的使用方法。
3. 学习胶束电动毛细管色谱法定性与定量分析的方法。

三、实验原理

胶束电动毛细管色谱（micellar electrokinetic capillary chromatography，MECC），是把一些离子型表面活性剂［如十二烷基硫酸钠（SDS）］加到缓冲液中，当其浓度超过临界浓度后就形成有一疏水内核、外部带负电的胶束。虽然胶束带负电，但一般情况下电渗流的速度仍大于胶束的迁移速度，故胶束将以较低速度向阴极移动。溶质在水相和胶束相（准固定相）之间产生分配，中性粒子因其本身疏水性不同，在两相中的分配就有差异，疏水性强的与胶束结合牢，流出时间长，最终按中性粒子疏水性不同得以分离。MECC 使毛细管电泳能用于中性物质的分离，拓宽了毛细管电泳的应用范围，是对毛细管电泳极大的贡献。

随着农业科学的发展，植物激素在生产中的应用越来越广泛。植物的种子萌发、植株生长发育、衰老及部分器官脱落等，这些有规律的生命活动均受植物体内激素调节的影响。植物激素一方面可以促进农产品，特别是蔬菜的早熟、丰收，另一方面又会影响蔬菜的品质和安全。研究结果证明，当食品中激素超过一定浓度，就会对人体和牲畜产生生毒性，造成代谢失调，从而引发各种疾病。

目前，检测植物激素的方法有高效液相色谱法、液相色谱-质谱法、气相色谱-质谱法等。本实验采用胶束电动毛细管色谱法对绿豆芽中的 5 种植物激素（结构式见图 10-1）进行定性定量分析。

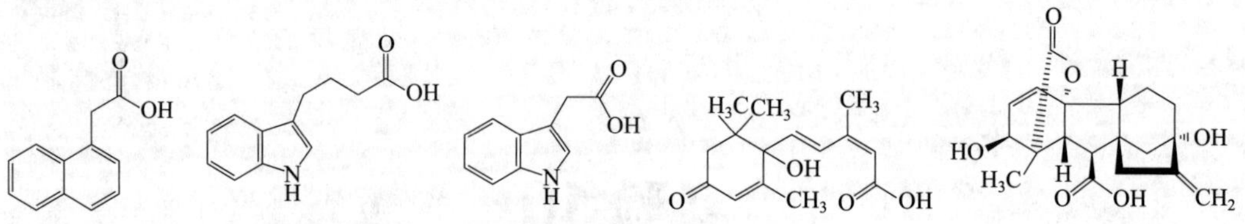

图 10-1　植物激素结构式

萘乙酸（NAA）　吲哚-3-丁酸（IBA）　吲哚-3-乙酸（IAA）　脱落酸（ABA）　赤霉酸（GA₃）

四、仪器与试剂

1. 仪器

TH-3000 高效毛细管电泳仪，带有 CXTH-3000 色谱工作站和紫外检测器（河北保定天惠分离科学研究所）；熔融石英毛细管（50cm×50μm，河北永年锐沣色谱器件有限公司）；pHS-3C 型酸度计（上海伟业仪器厂）；电子分析天平。新的熔融石英毛细管在使用之前依次用甲醇、1.0mol/L 氢氧化钠、二次蒸馏水和运行缓冲液冲洗 10min。

2. 试剂

吲哚-3-乙酸（IAA）、吲哚-3-丁酸（IBA）、赤霉酸（GA₃）、脱落酸（ABA）、萘乙酸（NAA）（购于 Sigma 公司），所用试剂为分析纯或色谱纯；绿豆芽（购于本地超市）。

五、实验步骤

1. 溶液的配制

（1）用电子分析天平准确称取 50mg 标准物质于 50mL 容量瓶中，甲醇稀释溶解并定容至刻度线，摇匀，得到 1.0mg/mL 标准储备液，备用，保存在 4℃。

（2）将 1.0mg/mL 标准储备液用甲醇逐级稀释为 100μg/mL、80μg/mL、40μg/mL、20μg/mL、5μg/mL、0.5μg/mL 的标准溶液。

（3）缓冲溶液配制：用电子分析天平准确称取 0.1907g 硼砂、0.0600g 磷酸二氢钠、1.2977g 十二烷基硫酸钠于 50mL 容量瓶中，加入 2.5mL 乙腈，二次蒸馏水定容至刻度线，摇匀，得到含有 10mmol/L 硼砂、10mmol/L 磷酸二氢钠、90mmol/L 十二烷基硫酸钠和 5％乙腈的缓冲溶液，用 pHS-3C 型酸度计调节 pH 值为 9.0。

2. 实际样品处理

将干燥后的优质绿豆芽研成粉末，称取干燥的豆芽粉末 2.5g 于锥形瓶中，加入 50mL 冷甲醇（4℃），振荡 25min，超声 15min，在 4℃冰箱中提取 2.5h，过滤上清液，收集滤液到梨形瓶中。在滤渣中加入 25mL 冷甲醇，按如上步骤再次进行振荡超声，4℃提取 2.5h，过滤上清液，合并滤液，50℃浓缩至近干，用 1.0mL 二次蒸馏水溶解，过 0.45μm 滤膜后，供毛细管电泳分析。

3. 标准曲线的绘制

电泳条件：熔融石英毛细管（50μm×50cm）；检测波长：214nm；进样量：12kPa×9s；分离电压：18kV；缓冲溶液：10mmol/L 硼砂、10mmol/L 磷酸二氢钠、90mmol/L 十二烷基硫酸钠（SDS）、5％乙腈。两次进样间用缓冲液冲洗 3min。

在电泳条件下，对 0.5～100μg/mL 浓度范围内的标准溶液进行测定，每个浓度平行测定三次，取峰面积平均值，以分析物峰面积（Y）与质量浓度（X，μg/mL）绘制标准曲线。

4. 实际样品与加标回收率测定

在电泳条件下，对绿豆芽样品进行测定。根据比较标准物的迁移时间和标准曲线，对分析物进行定性、定量测定。

在三份绿豆芽样品中分别加入 1μg、2μg、3μg 的混合标准分析物，进行加标回收率测定。

六、 数据处理

绘制标准曲线，计算绿豆芽中吲哚-3-乙酸、吲哚-3-丁酸、赤霉酸、脱落酸、萘乙酸的含量，计算回收率和相对标准偏差（表 10-1）。

表 10-1　实验 10 数据处理

植物激素	样品量/g	测得量/μg	含量/（mg/kg）	添加量/μg	测得量/μg	回收率/%	平均回收率/%	RSD/%
吲哚-3-乙酸	2.5			1				
				2				
				3				
吲哚-3-丁酸	2.5			1				
				2				
				3				
赤霉酸	2.5			1				
				2				
				3				
脱落酸	2.5			1				
				2				
				3				
萘乙酸	2.5			1				
				2				

七、 注意事项

1. 注意开机顺序，严格按操作手册规定的顺序进行；测定时操作要快速。

2.配制溶液、处理样品时要做到准确、精确。

3.灵敏度是对一定样品和一定实验条件而言的，改变条件，灵敏度会变化。

八、 思考题

在进行分析时需要设置合适的分析条件，如果条件设置不合适会产生什么结果？

九、 参考文献

Sun Yue-Na，Qin Xin-Ying，Lv Yun-Kai，et al. Simultaneous determination of five phytohormones in mungbean sprouts of China by micellar electrokinetic chromatography. Journal of Chromatographic Science，2014，52：725-729.

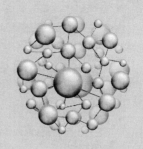

实验 11

气相色谱-质谱联用法检测白酒中邻苯二甲酸酯类塑化剂

一、 预习要点

1. 掌握超声提取法提取白酒中半挥发性有机物的方法。
2. 学会使用气相色谱-质谱联用仪测定环境样品中邻苯二甲酸酯类塑化剂。

二、 实验目的

1. 了解白酒中邻苯二甲酸酯类塑化剂的提取方法。
2. 掌握外标法确定邻苯二甲酸酯类塑化剂含量的定量方法。

三、 实验原理

　　塑化剂是一种增加材料柔软性或者韧性的添加剂，在塑料制品中应用广泛。其种类可达百余种，其中以邻苯二甲酸酯类化合物（PAE）的使用最为广泛。PAE 是一种环境激素，可以模拟体内的天然激素，会干扰正常激素的作用，影响身体内的最基本的生理调节机能，具有致癌、致畸、致突变性作用，对人体健康已构成危害。PAE 主要通过食品包装材料进入食品，白酒中的乙醇对 PAE 具有很好的溶解性。因此，在白酒的储存、运输和销售过程中不可避免地会存在 PAE 的迁移。基于此，对白酒中 PAE 类塑化剂的检测显得尤为重要。

　　目前国内颁布了 GB 5009.271—2016《食品安全国家标准　食品中邻苯二甲酸酯的测定》检测方法。本实验根据此标准，进行优化，采用去除乙醇后，正己烷提取，采用全扫描方法和选择离子监测法对白酒中的 PAE 开展定性定量分析，建立白酒中 PAE 类塑化剂残留的检测方法，明确白酒中 PAE 的污染水平和污染特征。

四、仪器与试剂

1. 仪器

气相色谱-质谱联用仪（Thermo Fisher ISQ GC/MS）、超声波清洗器，水浴锅和涡旋仪等。

2. 试剂

正己烷、二氯甲烷、丙酮、壬烷均为高效液相色谱纯；邻苯二甲酸酯混标（购于 Dikma 公司）；白酒，6 种品牌白酒，购于超市。

五、实验步骤

1. 白酒样品的提取

准确量取 5.0mL 白酒样品于 10mL 具塞玻璃离心管中，在沸水浴中加热除去样品中的乙醇，冷却至室温后加入 2.0mL 正己烷，振荡提取，静止后取上清液检测。

2. GC/MS 条件设置

色谱柱：DB-5MS（30m×0.25mm×0.25μm）；柱温：80℃（1min），10℃/min 至 280℃，保持 10min；检测器工作参数：MS，EI 源，Full Scan 模式，扫描范围 50～350；传输线温度：280℃；离子源温度：200℃；载气类型及流速：氦气，恒流模式，流速为 1mL/min；进样模式：不分流进样；进样口温度：240℃；进样体积：1μL。

3. 标准曲线的建立

配置系列浓度 0.20μg/mL、0.40μg/mL、0.60μg/mL、0.80μg/mL、1.00μg/mL 的基质标准溶液，由低浓度至高浓度依次进样检测，以质量浓度与峰面积作标准曲线得到线性回归方程。

六、数据处理

上机测试白酒样品，数据采集结束之后，色谱降温，关闭质谱仪灯丝、倍增器等。然后进行数据处理。

依据标准曲线，计算白酒样品中邻苯二甲酸酯类化合物的含量。

七、注意事项

1. 有机溶剂注意回收。
2. 应在老师的指导下使用 GC/MS。

八、思考题

气相色谱-质谱联用法定性有机物的原理是什么？它有哪些优点？

九、参考文献

[1] 董德明. 环境化学实验. 2 版. 北京：高等教育出版社，2009：114-116.

[2] 孙娜. 塑料包装白酒中邻苯二甲酸酯类塑化剂迁移量变化的研究 [D]. 长春：吉林农业大学，2018.

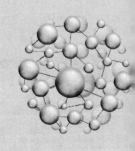

实验 12

气质联用法测定再生铜冶炼烟道气中溴代二噁英类化合物

一、预习要点

1. 掌握再生铜冶炼过程产生的烟道气中溴代二噁英的净化方法。
2. 学会使用气相色谱-质谱联用仪测定烟道气样品中的溴代二噁英类化合物。

二、实验目的

1. 了解再生铜冶炼产生的烟道气中溴代二噁英类化合物的提取方法。
2. 掌握选择离子模式确定溴代二噁英同类物的定性方法。

三、实验原理

溴代二噁英是一类由溴原子取代的三环芳烃类化合物，因其具有与氯代二噁英相似的结构，因此溴代二噁英表现出与氯代二噁英相似的物理化学性质和生物毒性。近年来，溴代二噁英在环境各介质中被检出，包括空气、沉积物、海洋食品和人体组织样品等。溴代二噁英导致的污染和健康风险正逐渐受到研究人员和社会的重视，其污染来源和生成机理引起了广泛的关注。溴代二噁英主要产生于热工业过程中的无意识生成和排放，以及溴代阻燃剂的生产、热解、回收等过程中。再生铜冶炼是新型持久性有机污染物溴代二噁英的重点排放源之一。

溴代二噁英的分析采用气相色谱-质谱联用法。烟道气样品的提取主要采用索氏提取，主要以复合硅胶柱、氧化铝柱以及活性炭柱对样品进行净化和分离，仪器分析则应用气相色谱-质谱联用法技术。本实验应用气相色谱-质谱联用法对再生铜冶炼过程中产生的烟道气中6种溴代二噁英类化合物进行定性定量分析。

四、 仪器与试剂

1. 仪器

气相色谱-质谱仪、索氏提取器、旋转蒸发仪、氮气浓缩吹干仪、冷冻干燥机、摇床震荡器。

2. 试剂

标准品：2,3,7,8-四溴代二噁英，2,3,7,8-四溴代呋喃，1,2,3,7,8-五溴代二噁英，2,3,4,7,8-五溴代呋喃，1,2,3,4,7,8-六溴代二噁英，1,2,3,4,7,8-六溴代呋喃；正己烷、二氯甲烷、乙酸乙酯采用色谱纯；甲醇、乙腈采用色谱纯；丙酮、1mol/L 盐酸溶液。

五、 实验步骤

1. 烟道气样品中溴代二噁英的提取

烟道气样品置于 250mL 甲苯中索氏提取 24h。

2. 烟道气样品的净化

将提取液进行旋转蒸发浓缩，浓缩液通过一系列柱吸附色谱进行净化，包括：复合硅胶柱净化、碱性氧化铝柱净化。复合硅胶柱的填料由上到下的顺序依次为：无水硫酸钠（2～3cm）、1g 活化硅胶、10g 酸性硅胶、1g 活化硅胶、4g 碱性硅胶、1g 活化硅胶净化。用 70mL 正己烷预淋洗，100mL 正己烷/二氯甲烷（9/1，体积比）洗脱。洗脱液于旋转蒸发仪下浓缩至 1～2mL，在碱性氧化铝柱上进行净化。碱性氧化铝柱的填料由上到下的顺序为：2～3cm 的无水硫酸钠和 8g 碱性氧化铝，用 60mL 正己烷湿法装柱，100mL 正己烷/二氯甲烷（50/50，体积比）洗脱。洗脱液于旋转蒸发仪下浓缩至 1～2mL，在活性炭柱上进行分离。活性炭柱的填料从上至下为：2～3cm 的无水硫酸钠和 1.5g 经分散剂修饰后的活性炭，用 30mL 甲苯和 30mL 正己烷预淋洗，先用正己烷/二氯甲烷（95/5，体积比）80mL 洗脱其他有机污染物，再用 250mL 甲苯洗脱溴代二噁英（PBDD/Fs）。

3. 烟道气样品的浓缩

收集两次洗脱液，前组分洗脱液弃去，后组分洗脱液用旋转蒸发仪和氮气吹干仪浓缩至 20μL，等待上机检测。

4. 烟道气样品中溴代二噁英的检测

溴代二噁英的分析采用气相色谱-质谱联用仪（Thermo fisher ISQ-GC/MS）。DB-5MS 熔融石英毛细管柱（15m×0.25mm i.d.×0.1μm），气相色谱进样口温度为 280℃，氦气为载气，流速为 1mL/min。程序升温条件为：120℃保持 1min，以 12℃/min 升到 220℃，然后再以 4℃/min 升到 260℃，最后以 3℃/min 升到 320℃，保留 7min。传输接口温度为 280℃。数据采集选择离子模式（表 12-1）。

表 12-1　氯苯类化合物的监测离子

名称	监测离子
2,3,7,8-四溴代二噁英	495，497，499
2,3,7,8-四溴代呋喃	479，481，483

续表

名称	监测离子
1,2,3,7,8-五溴代二噁英	573，577，579
2,3,4,7,8-五溴代呋喃	557，561，563
1,2,3,4,7,8-六溴代二噁英	651，655，657
1,2,3,4,7,8-六溴代呋喃	635，639，641

六、数据处理

1. 数据采集结束之后，色谱降温，关闭质谱仪灯丝、倍增器等，然后进行数据处理。

2. 显示并打印总离子流色谱图。

3. 显示并打印每个组分的质谱图。

4. 对每个未知谱进行计算机检索。

七、注意事项

1. 有机溶剂注意回收。

2. 应在老师的指导下使用 GC/MS。

八、参考文献

王美. 再生铜和再生铝冶炼过程中氯代和溴代二噁英的生成机理研究 [D]. 中国科学院大学，2015.

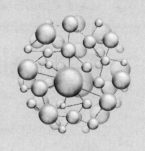

实验 13

气质联用法测定白洋淀沉积物样品中
多溴联苯醚类化合物

一、 预习要点

1. 掌握沉积物样品中多溴联苯醚的净化方法。
2. 学会使用气相色谱-质谱联用仪测定沉积物样品中的多溴联苯醚类化合物。

二、 实验目的

1. 了解白洋淀沉积物样品中多溴联苯醚的提取方法。
2. 掌握气相色谱-质谱联用法测定多溴联苯醚的定性定量方法。

三、 实验原理

　　多溴联苯醚（PBDE）是一类含溴原子的芳香族化合物，其化学通式为 $C_{12}H_{(0\sim9)}Br_{(1\sim10)}O$。PBDE 在高温分解时产生的溴原子可以捕获羟基自由基、氧自由基等燃烧反应的核心游离基，同时分解出密度较大的不燃性气体隔绝或稀释空气，从而达到阻燃灭火的目的。因其阻燃效率高、热稳定性好、添加量少、对材料性能影响小、价格便宜，常作为一种添加型溴系阻燃剂，广泛应用在电子电气、化工交通、建材、纺织、采矿等领域。PBDE 在环境中具有持久性、生物富集性以及高毒性，相继在欧盟、美国和中国等许多国家或地区被禁止或限制使用。

　　作为一种添加型阻燃剂，由于缺乏化学键的束缚作用，添加于产品中的 PBDE 很容易通过挥发、渗出等方式进入环境，并随着大气、水体的迁移造成大气、水体、沉积物、土壤及生物圈的广泛污染。白洋淀是华北地区最大的淡水湖，承接着爆河、清水河、唐河、白沟等河流的沥水和洪水，还接纳了白洋淀周围的生活污水、工业污水、农田排水。多溴联苯醚可以通过各种途径进入土壤及生物体内，给周边居民的健康和生态环境带来了很大的危害。本实验应用气相色谱-质谱联用仪对白洋淀沉积物样品中的 8 种多溴联苯醚化合物进行定性定量分析。

四、仪器与试剂

1. 仪器

气相色谱-质谱仪、索氏提取器、旋转蒸发仪、氮气浓缩吹干仪、冷冻干燥机、摇床震荡器。

2. 试剂

标准品：十溴联苯醚，2,2′,3,4,4′,5′,6-七溴联苯醚，2,2′,4,4′,5,5′-六溴联苯醚，2,2′,4,4′,5,6′-六溴联苯醚，2,2′,4,4′,5-五溴联苯醚，2,2′,4,4′,6-五溴联苯醚，2,2′,4,4′-四溴联苯醚，2,4,4′-三溴联苯醚；正己烷、二氯甲烷、乙酸乙酯为色谱纯；甲醇、乙腈、丙酮为色谱纯。

五、实验步骤

1. 沉积物样品中多溴联苯醚的提取

沉积物样品取样量10g，充分研磨，加入无水硫酸钠混匀，平衡12h，用正己烷与二氯甲烷混合溶剂（体积比1∶1）进行加速溶剂萃取（ASE，ASE300，Dionex，USA），温度为100℃，压力为 1.03×10^7 Pa，静态萃取时间为5min，循环3次，萃取液旋转蒸发至1～2mL。

2. 沉积物样品中多溴联苯醚的净化

提取液经旋蒸浓缩之后，氮气吹干，用重量法测定脂肪含量。50mL正己烷复溶后使用高浓度酸性硅胶（50%，质量分数）去除脂肪，移取上清液并旋蒸浓缩至1mL，借助复合硅胶柱进行净化。复合硅胶柱的填柱方式，从下至上依次为：1g中性硅胶、4g碱性硅胶、1g中性硅胶、8g酸性硅胶、2g中性硅胶和4g无水硫酸钠。先用80mL正己烷进行预淋洗，加入浓缩旋蒸液后用100mL正己烷洗脱并收集洗脱液。洗脱液经旋蒸浓缩后过活性炭柱（1.5g活性炭＋4g无水硫酸钠）进行下一步净化。淋洗过程为：依次用10mL甲苯和10mL正己烷进行预淋洗，添加洗脱液之后用50mL正己烷淋洗，得最终洗脱液。

3. 沉积物样品的浓缩

洗脱液用旋转蒸发仪和氮气吹干仪浓缩至20μL，等待上机检测。

4. 沉积物样品中多溴联苯醚的检测

多溴联苯醚的分析采用气相色谱-质谱联用仪（Thermo fisher ISQ-GC/MS），DB-5MS熔融石英毛细管柱（30m×0.25mm×0.1μm），气相色谱进样口温度为290℃，氦气为载气，流速为1mL/min。

程序升温条件为：100℃保持2min，以15℃/min升到230℃，然后再以5℃/min升到270℃，最后以10℃/min升到330℃，保留8min。传输接口温度为280℃。数据采集为全扫模式。

六、数据处理

1. 数据采集结束之后，色谱降温，关闭质谱仪灯丝、倍增器等，然后进行数据处理。

2. 显示并打印总离子流色谱图。

3. 显示并打印每个组分的质谱图。

4. 对每个未知谱进行计算机检索。

七、 注意事项

1. 有机溶剂注意回收。

2. 应在老师的指导下使用 GC/MS。

八、 参考文献

[1] 朱超飞. 北极地区和电子垃圾拆解地典型 POPs 生物累积放大效应 [D]. 中国科学院大学，2015.

[2] 李素梅. 钢铁生产过程中 UP-POPs 的排放水平和特征研究 [D]. 中国科学院大学，2015.

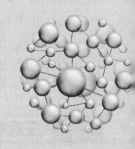

实验 14

气质联用法测定垃圾焚烧飞灰中氯苯类化合物实验

一、预习要点

1. 掌握索氏提取法提取飞灰中半挥发有机物的方法。
2. 学会并能够操作气相色谱-质谱联用仪。

二、实验目的

1. 了解 ISQ GC/MS 对化合物建立标准曲线的操作。
2. 掌握外标法确定氯苯含量的定量方法。
3. 掌握使用 ISQ GC/MS 批处理软件处理数据。

三、实验原理

氯苯类化合物是一类单苯环化合物，其苯环上的氢原子被一个或者多个氯原子取代，共有 13 种，包括氯苯、二氯苯、三氯苯、四氯苯、五氯苯和六氯苯。氯苯类有机化合物普遍存在于环境中，物理化学性质稳定，不易分解，具有生物累积性和持久性，且大多具有致癌、致畸、致突变性，抑制神经中枢，严重中毒时会损害肝脏和肾脏。

氯苯类化合物主要用于染料、医药、塑料及日用化工产品的生产。随着应用领域的扩宽和市场需求量的增加，这类化合物的环境危害程度也随之增大，因此其被很多国家列入优先控制的有机污染物之中。例如，我国将氯苯、邻二氯苯、对二氯苯、六氯苯四种化合物列为水环境优先控制有机污染物。五氯苯、六氯苯是欧盟持久性有机污染物法规（EC）850/2004 所管控的物质。另外，全球汽车申报物质清单中规定的四氯苯、五氯苯、六氯苯为禁用化合物。

目前，氯苯类化合物研究主要集中于水、土壤、纺织品、染料等领域，常用检测方法有高效液相色谱法、气相色谱法、气相色谱-质谱法。本实验应用气相色谱-质谱法对垃圾焚烧过程中产生的飞灰样品中 8 种氯苯类化合物进行定性定量分析。

四、仪器与试剂

1. 仪器

气相色谱-质谱仪、气相色谱仪、索氏提取器、旋转蒸发仪、氮气浓缩吹干仪、冷冻干燥机、摇床震荡器。

2. 试剂

标准品：1,2,3-三氯苯、1,2,4-三氯苯、1,3,5-三氯苯、1,2,3,4-四氯苯、1,2,3,5-四氯苯、1,2,4,5-四氯苯、五氯苯、六氯苯，百灵威；正己烷、二氯甲烷、乙酸乙酯为色谱纯；甲醇、乙腈为色谱纯；丙酮、1mol/L 盐酸溶液。

五、实验步骤

1. 飞灰样品的提取

将飞灰样品置于玻璃纤维滤筒中，然后将玻璃纤维滤筒放置于具塞玻璃套筒中。配置 1mol/L 盐酸溶液，将其逐滴滴入飞灰样品中，至没有气泡产生为止，加入过量的盐酸没过飞灰样品的表面。置于摇床上震荡 5h 左右，使盐酸充分与飞灰样品反应。将玻璃纤维滤筒从玻璃套筒取出，使用纯净水洗至中性，收集水洗液与酸洗液，合并保存。将水洗后的飞灰冷冻干燥，然后置于 250mL 甲苯中用索氏提取器提取 24h。使用 20mL 二氯甲烷萃取水洗液与酸洗液三遍，将萃取液与索式提取液合并、净化和测定。

2. 飞灰样品的净化

飞灰样品的提取液，于旋转蒸发仪下浓缩至 1~2mL，然后浓缩液通过一系列柱吸附色谱进行净化，包括：酸性硅胶柱和复合硅胶柱净化。酸性硅胶柱的填料由上到下的顺序依次为：无水硫酸钠（2~3cm）、1g 活化硅胶、10g 酸性硅胶、1g 活化硅胶。用 70mL 正己烷预淋洗，加入样品浓缩液，用 90mL 正己烷洗脱。洗脱液于旋转蒸发仪下浓缩至 1~2mL，在复合硅胶柱上进行再一次的净化。复合硅胶柱的填料由上到下的顺序依次为：无水硫酸钠（2~3cm）、1g 活化硅胶、10g 酸性硅胶、1g 活化硅胶、4g 碱性硅胶、1g 活化硅胶。用 70mL 正己烷预淋洗，加入样品浓缩液，90mL 正己烷洗脱。洗脱液于旋转蒸发仪下浓缩至 1~2mL，在氧化铝柱上进行分离。碱性氧化铝柱的填料由上到下的顺序为：2~3cm 的无水硫酸钠和 8g 碱性氧化铝，用 60mL 正己烷湿法装柱，加入样品浓缩液，用 100mL 正己烷/二氯甲烷（95/5，体积比）洗脱，用旋转蒸发仪和氮气吹干仪浓缩至 20μL。

3. 飞灰样品中氯苯类化合物的检测

氯苯类化合物的分析采用 Thermofisher 气相色谱-质谱联用仪（GC/MS）。DB-5MS 熔融石英毛细管柱（30m×0.25mm i.d. ×0.25μm）用于单体的分离，载气为高纯氦气，流速为 1.2mL/min，采用不分流进样方式，样品的进样量为 1μL。

程序升温条件为：160℃保持 2min，以 7.5℃/min 升到 220℃，保持 16min，然后再以 5℃/min 升到 235℃，保持 7min，最后以 5℃/min 升到 330℃，保持 1min。质谱用全氟煤油（PFK）校正和调谐，在分辨率大于 1000 的条件下进行检测，电子轰击源（EI）能量设定为 70eV，离子源温度为 270℃。数据采集选择离子监测（SIM）模式，所监测的离子见表 14-1。

表 14-1　氯苯类化合物的监测离子

名称	监测离子	保留时间/min
1,2,3-三氯苯	180,182,145	14.85
1,2,4-三氯苯	180,182,145	13.84
1,3,5-三氯苯	180,182,145	12.24
1,2,3,4-四氯苯	216,214,218	17.02
1,2,3,5-四氯苯	216,214,218	15.49
1,2,4,5-四氯苯	216,214,218	15.61
五氯苯	250,252,248	18.12
六氯苯	284,282,286	20.28

六、 数据处理

1.数据采集结束之后，色谱降温，关闭质谱仪灯丝、倍增器等，然后进行数据处理。

2.显示并打印总离子流色谱图。

3.显示并打印每个组分的质谱图。

4.对每个未知谱进行计算机检索。

七、 注意事项

1.注意开机顺序，严格按操作手册规定的顺序进行。真空达到规定值后才可以进行仪器调整。

2.仪器调整完毕后应尽快停止进样，立刻关闭灯丝电流和倍增器电压，以延长二者寿命。

3.所谓灵敏度是对一定样品和一定实验条件而言的，改变条件，灵敏度会变化。

八、 思考题

1.在进行 GC/MS 分析时需要设置合适的分析条件。假如条件设置不合适会产生什么结果？比如色谱柱温度不合适会怎么样？扫描范围过大或过小会怎么样？

2.总离子色谱图是怎么得到的？质量色谱图是怎么得到的？

3.如果把电子能量由 70eV 变成 20eV，质谱图可能会发生什么变化？

4.进样量过大或过小可能对质谱产生什么影响？

5.拿到一张质谱图如何判断分子量？如果没有分子量，还有什么办法得到分子量？

6.为了得到一张好的质谱图通常要扣除本底，本底是怎么形成的？如何正确地扣除本底？

九、参考文献

［1］武汉大学. 分析化学实验. 4 版. 北京：高等教育出版社，2005：189-190.

［2］刘淑萍. 分析化学实验教程. 北京：高等教育出版社，2004：70.

［3］华中师范大学，等. 分析化学实验. 3 版. 北京：高等教育出版社，2001：73.

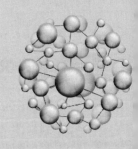

实验 15

基于钴配合物的电化学传感器制备及其检测人体血糖含量

一、预习要点

1. 计时电流法的原理。
2. 电化学工作站的使用。

二、实验目的

1. 学习计时电流法的基本原理与方法。
2. 掌握电化学工作站的使用方法。
3. 学习计时电流法定量的方法。

三、实验原理

计时电流法是一种恒电位技术，通过电化学工作站对工作电极施加一个恒电位，足够使溶液中某种电活性物质发生氧化或还原反应，记录电流与时间的变化关系，得到电流-时间曲线。计时电流法是一种研究电极过程动力学的电化学分析技术。可用来测定参与电化学反应的电子数 n，电极电活性表面积 A，物质的扩散系数 D 等。

计时电流法中，电流与时间关系遵循 Cottrell 方程：

$$i_1 = \frac{nFAD^{1/2}c_0}{(\pi t)^{1/2}}$$

式中，i_1 为极限电流；F 为法拉第常数（96485C/mol）；n 为电化学反应的电子转移数；A 为电极表面积；c_0 为电活性物质在溶液中的初始摩尔浓度；D 为电活性物质的扩散系数；t 为电解时间。

四、 仪器与试剂

1. 仪器

电化学工作站 RST5000，抛光粉，抛光布，三电极系统（工作电极：玻碳电极；参比电极：Ag/AgCl；辅助电极：Pt 丝电极）。电极架，电解池，小离心管（2mL），磁力搅拌器，磁子，移液器，微量进样器。

2. 试剂

无水葡萄糖（99％生物技术级），NaOH 溶液（0.1mol/L），蒸馏水。

五、 实验步骤

1. 不同浓度葡萄糖溶液的配制

（1）利用电子分析天平准确称取 0.1802g 葡萄糖固体，准确移取 1mL 蒸馏水加入到 2mL 离心管中，摇晃离心管至溶液均匀，得到葡萄糖溶液浓度为 1mol/L。

（2）将 1mol/L 葡萄糖溶液逐级稀释为 0.1mol/L、0.01mol/L、1mmol/L、0.1mmol/L、0.001mmol/L，摇晃离心管至溶液均匀。

（3）将配制后的葡萄糖放入冰箱（4℃）过夜。

（4）用移液枪准确移取 15.00mL NaOH（0.1mol/L）溶液加入到电解池中备用。

2. 实际样品预处理

实际样品人体血样（取自当地医院）。

（1）将人体血样于 37℃温育处理 30min。

（2）将处理后的人体血样置入离心机 3500r/min 离心 10min。

（3）利用移液枪将上层浅黄色液体吸取到离心管中，即血清。

（4）将得到的血清 4℃保存。

3. 玻碳电极预处理，参比电极与对电极准备

（1）将玻碳电极分别用 $1\mu m$、$0.3\mu m$ 和 $0.05\mu m$ Al_2O_3 粉末打磨抛光，用二次蒸馏水超声清洗电极表面，随后用氮气将玻碳电极表面吹干。用微量进样器将 $5\mu L$（5mg/mL）所制备的钴基配合物样品（做创新实验的同学提前制备）均匀地滴涂在玻碳电极表面，在室温环境中蒸发至干。

（2）参比电极与对电极用蒸馏水仔细冲洗干净以待使用。

4. 选择电化学方法，设置实验参数

将准备好的三电极放到电极架上，将三支电极依次与工作站电极线相连。绿线连接工作电极，红线连接对电极，黄线连接参比电极。启动计算机和电化学工作站，双击电脑中电化学工作站图标进入主界面。选择实验方法：恒电位电解 i-t 曲线；设置实验参数：静置时间 3s，恒定电位 0.55V，运行时间 1000s，采样间隔 0.1s。

5. 电流时间曲线的测定

将装有 NaOH 溶液（0.1mol/L）的电解池放到磁力搅拌器上，将清洗过的磁子放入电解池中，将三电极体系装入电解池，启动工作站计时电流法。待电流-时间曲线稳定后，依次用微量进样器移取不同浓度的葡萄糖溶液迅速加入到 NaOH 溶液中，最终得到阶梯状的

时间-电流曲线。

六、 数据处理

依据计时电流法得到的 i-t 曲线，依次读取加入葡萄糖溶液后的电流值，记录在表 15-1 中。以电流 i 对葡萄糖浓度做线性图，求得线性范围与灵敏度。做校正曲线，求未知液浓度。

表 15-1　计时电流法检测葡萄糖浓度

葡萄糖原液浓度 /(mol/L)	加入葡萄糖体积 /μL	检测体系中葡萄糖浓度 /(mmol/L)	电流 /μA

七、 注意事项

1. 连接各个电极的电极线接头不能接触到一起，否则会发生短路。
2. 搅拌速度要适中，搅拌速度过慢会延长响应时间，搅拌速度过快会增加噪声干扰。
3. 使用微量进样器加入葡萄糖溶液时，应迅速加入并且不要碰到电极。

八、 思考题

计时电流实验中，被测溶液为什么要处于搅拌状态？

九、 参考文献

［1］武汉大学. 分析化学实验. 4 版. 北京：高等教育出版社，2005：189-190.
［2］刘淑萍. 分析化学实验教程. 北京：高等教育出版社，2004：70.
［3］华中师范大学，等. 分析化学实验. 3 版. 北京：高等教育出版社，2001：73.

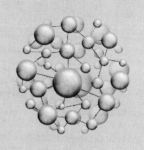

实验 16

衰减全反射红外光谱在纺织纤维鉴定中的应用

一、 预习要点

1. 衰减全反射附件的工作原理及特点。
2. 几种纺织纤维特征官能团及其红外吸收峰位置。

二、 实验目的

1. 掌握衰减全反射测试技术的原理和操作要点。
2. 掌握 OMNIC 软件处理谱图的基本技能。
3. 掌握标准谱图库的建立方法以及对未知物谱图的检索方式。
4. 了解朗伯-比尔定律在混合物半定量分析中的应用。

三、 实验原理

红外光谱技术是根据被测样本的红外光谱特征得到其成分及含量的一种分析技术。由于不同种类的纺织纤维其化学结构不同，具有不同的化学基团，在红外光谱中会表现出与众不同的特征吸收谱带，根据已知纤维光谱图与未知纤维光谱图比较，就能对纤维种类进行鉴别。在红外光谱的定量分析工作中，利用朗伯-比尔定律对双组分体系的定量分析相对来说比较容易。对于多组分体系，进行定量分析就不那么容易了。特别是对于那些化学性质相似、结构相似的同系物，多组分体系的定量分析就更难了。本实验选用双组分体系使学生掌握红外半定量分析的技能。

红外光谱的测试技术有很多种，如压片法、糊状法、薄膜法、漫反射法、红外显微镜法等。本实验选用的是衰减全反射（attenuated total reflectance，ATR）光谱技术。相较于传统的溴化钾（KBr）压片法而言，这种技术在测试过程中不需要对样品进行任何处理，只需将样品紧密地贴在 ATR 附件的晶体表面。此外 ATR 法测试对样品的形态要求不严，非腐蚀性的液体、固体粉末、塑料、橡胶、纸张、纤维和布匹等均能适用，并且不会对样品造成任何损坏。因此这一快速无损的红外光谱测试技术广泛应用于蚕丝、竹纤维、羊毛、腈纶等多种纺织纤维的鉴定分析中。

四、仪器与试剂

1. 仪器
傅里叶变换红外光谱仪、衰减全反射附件、干燥箱、电子分析天平、剪刀。

2. 试剂
（1）合成纤维：锦纶纤维、腈纶纤维、涤纶纤维。
（2）天然纤维Ⅰ类：蚕丝纤维、羊绒、驼绒。
（3）天然纤维Ⅱ类：棉纤维、竹纤维。
（4）无水乙醇、擦镜纸、脱脂棉等。

五、实验步骤

1. 样品处理
干燥处理：将待测样品置于40℃干燥箱中烘干2h，然后置于干燥器内冷却至室温。

标准样品编号：①锦纶纤维；②腈纶纤维；③涤纶纤维；④蚕丝纤维；⑤羊绒；⑥驼绒；⑦棉纤维；⑧竹纤维。

单一组分未知样品的取样方式及编号：随机从①～⑧样品中抽取三种样品，分别命名为：（1）未知样品1、（2）未知样品2、（3）未知样品3。

两组分混合样品的取样方式及编号：从合成纤维①～③、天然纤维Ⅰ类④～⑥、天然纤维Ⅱ类⑦⑧三组样品中随机抽取两种样品，每组样品中限取一种。随机抽取的两种样品按照重量比1∶4或1∶1剪碎后充分混合，分别命名为❶❷❸。

2. 谱图采集
倒入液氮冷却MCT/A检测器10min，打开仪器开关、OMNIC软件，设置仪器参数：采集范围4000～650cm^{-1}，分辨率4cm^{-1}，采集次数32次，ATR附件。

以空气为背景，分别测试标准样品①～⑧、单一组分未知样品（1）（2）（3）、双组分混合样品❶❷❸的ATR红外谱图，并对谱图进行ATR校正、基线校正、生成直线或平滑等处理后，保存谱图。

3. 标准样品谱图库的建立与特征吸收峰分析
以①～⑧样品的红外谱图建立一个标准样品谱图库。

对标准谱图进行标峰、二次导数或去卷积等处理操作后，分析标准样品的特征吸收峰位置及归属。

4. 单一未知样品的鉴定
对测得的（1）（2）（3）样品谱图进行谱图检索，与标准样品数据库中的谱图进行匹配，根据匹配指数进行成分鉴定。

5. 随机两组分混合样品的测定
依据步骤3中归属出的特征吸收峰，对❶❷❸的组分进行鉴定。在此基础上，应用差谱技术对❶❷❸的谱图进行谱图拆分，了解差谱技术在红外光谱分析中的应用。

根据朗伯-比尔定律，对照混合样品、标准样品红外谱图中特征吸收峰的峰面积之比，估算混合样品中各组分的含量。并与之前的混合比例进行对比，了解红外光谱在半定量计算中的应用。

六、 数据处理

1. 标准样品特征官能团及归属 （表 16-1）

表 16-1 标准样品特征官能团及归属

样品号	特征峰位	归属	样品号	特征峰位	归属
①			⑤		
②			⑥		
③			⑦		
④			⑧		

2. 两组分样品的鉴定 （表 16-2）

表 16-2 两组分样品的鉴定

样品号	特征峰位 1	归属 1	特征峰位 2	归属 2	峰面积鉴定含量比 (归属 1/归属 2)	实际含量比 (标样 1/标样 2)
❶						
❷						
❸						

七、 注意事项

1. 虽然使用 ATR 附件测试时无需对样品进行处理，但为了保障所测部位的代表性、提高半定量计算时的准确性，每个样品测试前需剪碎，使被测样品与 ATR 附件中的晶体紧密接触。

2. 根据朗伯-比尔定律，必须将透射谱图转换为吸收谱图后才可用于半定量计算。

八、 思考题

1. ATR 附件测得的谱图为什么需要进行 ATR 校正？

2. 请以本实验中的谱图为例，说明红外谱图中的官能团区、指纹区分别在成分鉴定中的应用。

3. 在进行半定量计算时，特征峰的选取应注意哪些方面？

4. 红外光谱用于半定量计算时，除了选用峰面积之比外，还可以选用什么方法？哪种更优？

九、 参考文献

[1] 翁诗甫，徐怡庄. 傅里叶变换红外光谱分析. 3 版. 北京：化学工业出版社，2016.

[2] 卢鸯，姜磊，邬文文，等. 基于衰减全反射法的纺织纤维红外光谱库的建立与应用

［J］. 中国纤检，2013，（1）：71-73.

　　［3］陆永良，沈维，刘艳. 红外光谱差减技术在纺织品定性分析中的应用 ［J］. 上海纺织科技，2010，（7）：1-4.

　　［4］孙琳琳，张磊，迟晓红，等. 傅立叶红外光谱法鉴别纺织纤维 ［J］. 材料开发与应用，2015，（7）：89-91.

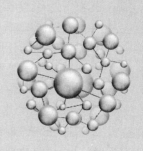

实验 17

金纳米星的制备、光吸收性质调控及光热转换效率计算

一、实验目的

1. 理解还原法制备金纳米材料的原理，学习使用此方法制备金纳米星的过程。

2. 探究金纳米星生长的影响因素，实现金纳米星光吸收性质的有效调控。

3. 熟悉金纳米材料的基本表征方法，如扫描电镜（SEM）、透射电镜（TEM）、紫外-可见（UV-vis）吸收光谱等。

4. 掌握金纳米星的光热性能的表征过程，学会金纳米星的光热转换效率的计算方法。

二、实验原理

金纳米材料是贵金属纳米材料家族中的重要成员，具有很强的抗氧化性，是目前研究较为广泛的无机纳米材料之一。1857 年，Michael Faraday 发现用磷的水溶液可以还原氯金酸，并通过二硫化碳来使溶液稳定，最终合成了"美丽的红宝石液"，即胶体金纳米粒子溶液。金纳米粒子具有粒径、形貌和结构易调控，合成简便，表面易修饰和良好的生物相容性等优点。研究表明，金纳米粒子的光学吸收与入射光的波长产生共振时，在金纳米粒子表面的自由电子会被激光照射而发生极化，称为局域表面等离子共振（LSPR）。由于其独特的物理化学性质，金纳米材料在催化、检测、传感等领域具有重要的应用。利用其特殊的 LSPR 光学性质，研究者们对金纳米材料在生物医学领域，尤其是癌症光热治疗中的应用进行了重点研究。

近年来，研究者们对不同形貌的金纳米材料进行了研究，如金纳米球、金纳米棒、金纳米星、金纳米笼等，特别是金纳米星，制备方法简单，在近红外区的吸收光谱可连续调控，光热转换效率较高，是一类具有潜在应用前景的光热治疗用纳米探针材料。然而，金纳米星的光热转换性能与其光吸收性质直接相关。根据材料的形貌-结构-性能之间的构效关系，通过改变实验参数，实现金纳米星光吸收性质的有效调控，进而制备出具有高光热转换效率的金纳米星，对实现金纳米星在肿瘤光热治疗中的应用具有重要的意义。

金纳米星合成过程中的重要实验参数决定了金纳米星的成核和生长过程，如金的前驱体活性、有效的还原剂和反应温度等都可以触发其成核和生长，其中种子生长法：是利用金种子为成核点，外源性材料在其上面进行沉积并生长，调节种子的量、还原剂浓度以及其他因素等通常会制备出不同尺寸和不同光吸收性质的金纳米星。

光热转换效率是评价一种材料光热性能的重要指标。在实验中，采用功率密度为 2.0W/cm^2 的 808nm 激光，对 2mL 的金纳米星溶液照射 5min，同时监测溶液的升温和降温情况。材料的光热转换效率（η）计算公式如下：

$$\sum_i m_i C_{p,i}\frac{\mathrm{d}T}{\mathrm{d}t}=Q_{\text{NPs}}+Q_{\text{s}}-Q_{\text{loss}} \tag{17-1}$$

$$\eta=\frac{hA(\Delta T_{\max}-\Delta T_{\text{H}_2\text{O}})}{I(1-10^{-A_\lambda})} \tag{17-2}$$

$$\theta=\frac{\Delta T}{\Delta T_{\max}} \tag{17-3}$$

$$t=\frac{\sum\limits_i m_i C_{p,i}}{hA}\ln\theta \tag{17-4}$$

其中，m_i 和 $C_{p,i}$ 分别为溶液中不同物质的质量和比热容；Q_{NPs} 为纳米粒子吸收的热量；Q_{s} 为水吸收的热量；Q_{loss} 为热量损失；h 为热转换系数；A 为容器表面积；$\Delta T_{\max}$ 为金纳米星溶液在 5min 内温度变化最大值；$\Delta T_{\text{H}_2\text{O}}$ 为纯水在 5min 内温度变化最大值；I 为 808nm 激光功率密度；A_λ 为金纳米星的特征吸收峰强度值。为了计算出材料的光热转换效率 η，必须得出 hA 值，在式（17-4）中，纳米粒子的质量可忽略不计，仅考虑溶剂（2mL 水，质量和比热容均已知）的质量，根据金纳米星在降温阶段时间（t）与 $-\ln\theta$ 的关系曲线，直线拟合后计算其斜率，求得金纳米星的 hA 值，将其代入式（17-2），得到金纳米星的光热转换效率 η。

三、 仪器与试剂

1. 试剂

氯金酸（$HAuCl_4$，98%），柠檬酸钠（99%）、硝酸银（$AgNO_3$，99%）和抗坏血酸（99%），盐酸（HCl）。

2. 仪器

电子分析天平、TEM、UV-vis 分光光度计、温度计、数显恒温磁力搅拌器、加热套、高速离心机、808nm 激光器。

四、 实验步骤

1. 采用两步法，制备出金纳米星材料，并用 SEM 或 TEM 对其形貌进行表征。

（1）制备金种子：向装有 49mL 水的烧瓶中加入 1mL 的 $HAuCl_4$（50mmol/L）溶液，利用加热套加热煮沸；然后向其中加入 7.5mL 的柠檬酸钠（质量分数为 1%）溶液，继续加热煮沸 15min 后，冷却至室温，即得到金种子溶液。

（2）向装有 15mL 水的烧杯中，依次加入 1mL 的 $HAuCl_4$（2.5mmol/L）溶液、10μL

的 HCl（1mol/L）溶液和 25μL 的金种子溶液，室温搅拌 2min。

（3）迅速向上述溶液中加入 20μL 的 AgNO$_3$（2mmol/L）溶液和 100μL 的抗坏血酸（100mmol/L）溶液，继续搅拌 30min。

（4）将生成的金纳米星溶液离心（6000r/min，5min），重新分散在 10mL 去离子水中（80μg/mL）。

2. 改变金种子、硝酸银的加入量以及氯金酸和抗坏血酸比例等，调控金纳米星的光吸收性质，并用 UV-vis 分光光度计对其吸收光谱进行表征。

实验参数变化如表 17-1，每次改变一个量，固定其他参数的量如步骤 1。

表 17-1　实验 17 参数变化

金种子加入量/μL	10	25	40	55	70
硝酸银加入量/μL	5	10	20	30	40
氯金酸：抗坏血酸/（mL：μL）	1：1	1：5	2：1	3：1	4：1

3. 以 808nm 激光辐照不同浓度的金纳米星溶液，并用温度计监测溶液的温度变化，绘制溶液升温曲线。

（1）配制不同浓度的金纳米星溶液（0μg/mL、20μg/mL、40μg/mL、60μg/mL 和 80μg/mL），各取 2mL 加入到一次性比色皿中。

（2）利用 808nm 激光（功率密度 2.0W/cm^2）对不同浓度的金纳米星溶液进行辐照，辐照时间为 5min，同时利用温度计监测金纳米星溶液温度的变化（每 10s 监测一次），并绘制出温度随时间的变化曲线。

（3）利用 808nm 激光（功率密度 2.0W/cm^2）对浓度为 80μg/mL 的金纳米星溶液进行辐照，辐照时间为 5min，同时利用温度计监测金纳米星溶液升温和降温情况（每 10s 监测一次），并绘制出温度随时间的变化曲线（升温和降温）以及降温阶段时间（t）与 $-\ln\theta$ 之间的线性关系曲线。

4. 根据给定的公式以及测量得到的紫外-可见吸收光谱和溶液升温/降温曲线，计算金纳米星的光热转换效率。

五、 思考题

1. 制备金纳米星时，哪些因素会影响其 LSPR 吸收性质？
2. 如何计算材料的光热转换效率？

六、 参考文献

［1］Zeng L Y，et al. Adv. Healthcare Mater. 2018，1801144.
［2］Wu D，Zeng L Y，et al. Chinese Journal of Luminescence，2018：39（3）：280.

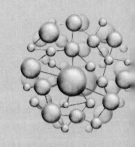

实验 18

水性铝银粉颜料的制备与表征

一、预习要点

1. 金属铝及其化合物的两性。
2. 烷氧基硅的稳定性、水解和缩合机理。
3. 纳米 SiO_2 的性质及应用。
4. Zeta 电位的定义，及其在胶体研究中的应用。
5. 光学显微镜的使用。
6. 混合溶剂的选择。

二、实验目的

1. 了解温度、pH、混合溶剂的比例等实验条件对产品性能的影响，体会精准控制实验条件的意义。
2. 掌握多角度分光光度计、光泽度测定仪、蠕动泵、光学显微镜的使用。
3. 了解水性铝银粉的耐腐蚀性和分散性，了解表面活性剂调节分散性的原理。

三、实验原理

铝粉颜料是一种非常重要的金属颜料，俗称"铝银粉"或"银粉"，广泛应用在粉末涂料、汽车表面漆、印刷和纺织品等方面。一般采用湿法球磨工艺生产，分为浮型和非浮型两大类。研磨过程中因加入助剂（如脂肪酸）等的种类不同，铝粉具有不同的特性和外观，有鱼鳞状、银元状和雪花状。在使用过程中为了提高铝粉颜料的分散性、流平性、与底材的相容性，铝粉经常与溶剂、助剂混合制成铝银浆。作为颜料形成涂膜后，铝粉片之间相互连结，形成多层排列的铝粉层，能够有效遮盖底材，显示铝粉的遮盖特性和屏蔽特性。随着传统的溶剂型涂料被环保型的水性涂料替代，促进了水性铝粉颜料的发展和研制。

铝化学性质活泼，在空气中易与氧气、水等发生反应，金属感减弱，涂层发灰发暗，影响铝粉颜料的使用性能，同时还会产生氢气易引发爆炸，不利于生产和运输。生产铝粉时通常其表面会有一层硬脂酸、石蜡和石油醚等的混合物，但耐酸碱性能差，暴露在空气中易被酸、碱介质腐蚀，容易发生如下化学反应：

$$2Al + 6H^+ \longrightarrow 2Al^{3+} + 3H_2 \uparrow \qquad 酸性条件 \qquad (18\text{-}1)$$

$$2Al + 3H_2O \longrightarrow Al_2O_3 + 3H_2 \uparrow \qquad 中性或弱酸性 \qquad (18\text{-}2)$$

$$2Al + 6H_2O \longrightarrow 2Al(OH)_3 + 3H_2 \uparrow \qquad 中性或弱碱性 \qquad (18\text{-}3)$$

$$2Al + 2OH^- + 6H_2O \longrightarrow 2Al(OH)_4^- + 3H_2 \uparrow \qquad 强碱性条件 \qquad (18\text{-}4)$$

为了适应水性颜料的要求，需要对铝粉进行表面处理，提高耐腐蚀性。表面包覆膜法是指在铝粉颜料表面形成致密的有机或无机包覆层，使铝粉与腐蚀介质相隔离，从而达到保护铝粉的效果。根据其机理的不同可以分为气相沉积法、液相沉积法、聚合物包裹法、溶胶-凝胶法、抑制絮凝法等。本实验在弱碱性介质中，采用溶胶-凝胶法，以 H_2O_2 为锚固剂氧化金属铝形成勃姆石结构的羟基铝，pH 在 8.77～10.10 的弱碱性介质时，铝粉表面经氧化形成的勃姆石净电荷为正，而硅烷水解后产物的表面净电荷为负，二者间的静电吸引有利于在铝表面形成保护膜。

四、仪器与试剂

仪器与试剂分别见表 18-1、表 18-2。

表 18-1　仪器

仪器名称	型号	厂家
电子分析天平	SE402F	奥豪斯仪器（上海）有限公司
多功能搅拌器	D-8401	天津市华兴科学仪器厂
循环水式多用真空泵	SHZ-DⅢ型	巩义市予华仪器责任有限公司
四口烧瓶	500mL	天津市天科玻璃仪器制造有限公司
蠕动泵		
超级恒温水浴锅		
恒温干燥箱	DHG-9076A	上海精宏实验设备有限公司
多角度分光光度计或光泽度测定仪		
刮膜器		
光学显微镜		
滴定管		
精密 pH 计	FE20	梅特勒-托利多仪器（上海）有限公司

表 18-2　试剂

药品名称	规格	厂家
铝银浆	平均粒径≥17μm 铝粉含量≥70%	保定吉诺金属材料有限公司
正硅酸乙酯（TEOS）	分析纯	天津市华东试剂厂
Na_2CO_3，NaOH，$NaHCO_3$	分析纯	天津市风船化学试剂科技有限公司
异丙醇	分析纯	天津市北辰方正试剂厂

续表

药品名称	规格	厂家
H_2O_2	30%水溶液	天津市瑞金特化学品有限公司
γ-氨丙基三乙氧基硅氧烷（KH-550）	工业纯	北京市申达精细化工有限公司
丙烯酸树脂乳液	工业纯	保定光普化工研究所
磷酸酯 T 表面活性剂	工业级	上海敏晨化工有限公司
912-分散剂	工业纯	
氨水（$NH_3 \cdot H_2O$）	分析纯	天津市华东试剂厂
丙二醇单甲醚	工业级	上海敏晨化工有限公司

五、样品制备

样品的制备条件见表 18-3。

表 18-3　样品的制备条件

样品	H_2O_2		pH
	V/mL	$n/mmol$	
A0			8.5
A1			9.0
A2	1.00	8.8	9.5
A3			10.0
A4			10.5
B0	0.00	0	
B1	0.25	2.2	
B2	0.50	4.4	9.5
B3	1.50	13.2	

50.00g 铝粉分散于 125.0mL 异丙醇和 1.00g 912-分散剂的混合物中，升温至 40℃，搅拌 1h 后，10min 内加入 30.0mL Na_2CO_3-$NaHCO_3$ 缓冲溶液和 H_2O_2 混合液，然后 2h 内加入 9.0mL TEOS、6.0mL KH-550 和 25.0mL 异丙醇的混合液，搅拌 4～6h 后，抽滤。抽滤后所得产品与丙二醇单甲醚、分散剂及润湿剂按 8∶2∶0.1∶0.05 的比例捏合，得水性铝银浆。

六、性能表征

1. 耐腐蚀性测试

水性铝银浆的耐腐蚀性能通过析氢量及析氢速率来评估，测试装置如图 18-1 所示。用刻度管内的发气量来表征铝粉表面氧化铁包覆膜的效果，气体释放越多，表明铝粉的腐蚀现象越严重，包覆效果不好。若腐蚀液取强碱性的 NaOH 溶液，反应剧烈不利于区分样品的耐腐蚀程度；若腐蚀液碱性强度太低，耐腐蚀程度表现不明显且用时较长。在之前研究的基础上，本实验采用 $60\sim100$mL、pH＝11.0、0.1mol/L 的 Na_2CO_3-$NaHCO_3$ 缓冲溶液为腐蚀液，准确称取 1.00g 水性铝银浆于 100mL 磨口圆底烧瓶中，进行测试，记录析氢量随时间的变化，得到时间-析氢量曲线，以此评估水性铝银浆的耐腐蚀性能。

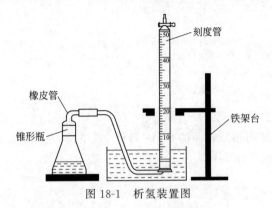

图 18-1　析氢装置图

2. 光学显微镜分析

将丙烯酸树脂乳液与水性铝银浆混合后，均匀涂抹在盖玻片上，然后在 640 倍光学显微镜（QImaging MicroPublisher 5.0 RTV）下观察铝粉的包覆情况，评价锚固效率。盖玻片上若水性铝银浆的含量多，则铝粉之间易相互叠加，连成大片，不利于观察；若丙烯酸树脂含量增多，铝粉的分散程度大，有效的铝粉较少，同样不利于观察。经验证，将丙烯酸树脂乳液与水性铝银浆按照质量比 100：7 的比例混合后涂抹在盖玻片上，能够分散均匀，观察效果最佳。

3. 多角度分光光度测试

按照质量比 5：1 的比例，将丙烯酸树脂乳液与水性铝银浆混合后，采用 100μm 的刮板器均匀涂布在黑白遮盖力板上，60℃烘干。采用 X-Rite MA-98（America）进行多角度分光光度测试，测量 8 个角度下样品的反射率及 L＊、a＊、b＊值。

CIE 标准色度系统，是根据每种颜色可以由 L、a、b 按一定比例混合而成而建立的，其中 L＊指明度，a＊指红或绿色，b＊指黄或蓝色。在实际应用中，人们采用多角度色差仪来测试"随角异色"的颜料在不同角度的颜色特点。本实验采用的是美国爱色丽 X-rite MA98 型色差仪，分为 15°和 45°两个光源共 8 个角度的测量，得出样品的反射率和色度值。测量角度如图 18-2 中所示，当入射角度为 45°时，测量角度是以它的反射角（135°）为基准，分别旋转 15°、25°、45°、75°、110°和－15°方向上的测量结果。当入射角为 15°时，测量角度是其反射角旋转 15°和－15°方向上的测量。

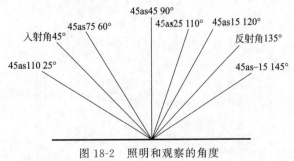

图 18-2　照明和观察的角度

七、 注意事项

正硅酸乙酯（TEOS）和 KH-550 为极易水解物质，使用仪器注意干燥，用后及时用溶剂洗涤。

八、 思考题

1. 硅溶胶带正电还是负电？
2. 解释零电位点，影响电荷分布的因素。
3. 在显微镜下，包覆到铝粉表面的 SiO_2 与自由分散的 SiO_2 有何不同？
4. 解释为何要选择混合溶剂？

九、 参考文献

[1] 马志领. 河北大学学报，2016，36（2）：141-147.

[2] 一种利用锚固剂对铝粉颜料进行膜包覆的方法，ZL201410270142. X.

[3] 位会棉，马志领，李翠翠. 铜离子氧化铝粉增强磷酸酯对铝颜料的缓蚀作用 [J]. 中国表面工程，2015，28（1）：96-100.

[4] Ma Z L，Li C C，Wei H M，et al. Silica sol-gel anchoring on aluminum pigments surface for corrosion resistance based on aluminum oxidized by hydrogen peroxide [J]. Dyes and Pigments，2015，114：253-258.

[5] MaZ L，Qiao Y J，Xie F，et al. Effect of encapsulation temperature on the corrosion resistance of silica encapsulated waterborne aluminium [J]. Pigment & Resin Technology，2017，46（3）.

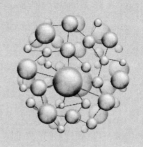

实验 19

ZnWO₄: Eu³⁺, Dy³⁺ 单一基质白色荧光粉的 微波水热合成及发光性能研究

一、预习要点

1. 白光 LED 的结构、特点以及实现白光发射的方式。
2. 钨酸锌的结构及发光特性。
3. 稀土离子的电子组态及发光特性。
4. 钨酸锌基质发光材料的合成方法和表征手段。

二、实验目的

1. 了解微波水热法的基本原理,学习用此种方法制备稀土发光材料的过程。
2. 了解白光 LED 的基本结构以及产生白光发射的方法和途径。
3. 掌握稀土发光材料的基本表征方法,如 X 射线衍射(XRD)、扫描电镜(SEM)、X 射线能量色散谱(EDS)、光致发光光谱(PL)等,以及图谱的解析方法。
4. 探究体系 pH 对样品组成、物相结构的影响,考察掺杂离子浓度对样品发光性能的影响。

三、实验原理

与传统的白炽灯和荧光灯相比,白光 LED 具有节能、高效、使用寿命长、稳定性好及环保等诸多优点,被誉为"第四代固体照明光源"。目前,商用的白光 LED 是由蓝光 LED 芯片与黄色荧光粉(YAG：Ce)组合制得的,但这种方法得到的白光由于缺少红光成分,故存在显色指数较低和色温较高等缺点;另一种方法是由近紫外或紫外 LED 芯片与红、蓝、绿三基色荧光粉组合制得白光,但是由于三基色荧光粉中存在发光颜色再吸收和配比调控困难等问题,故发光效率较低。近年来,在单一基质中实现白光发射由于不存在荧光粉混合而影响流明效率和色彩还原性等问题,有利于提高白光 LED 的显色指数及发光的稳定性,因而成为研究的热点。

ZnWO₄ 是一种自激发材料，在紫外光照射下可发射蓝绿光（源于 WO_4^{2-} 的特征发射）；稀土离子 Dy^{3+} 可发射黄光（对应 $^4F_{9/2} \rightarrow {}^6H_{13/2}$ 跃迁），稀土离子 Eu^{3+} 可发射红光（对应 $^5D_0 \rightarrow {}^7F_2$ 跃迁），根据三基色原理，将此三部分的发射有机结合，再通过改变 Eu^{3+}、Dy^{3+} 的浓度改变红光、黄光发射强度使之与 ZnWO₄ 的蓝绿光发射相匹配从而在单一基质中实现白光发射。

荧光粉的发光性能受其结构、形貌、尺寸和分散性的影响，选择不同的合成方法，荧光粉的结构、微观形貌等性质不同，导致发光性能不同。目前，合成荧光粉的方法主要有：固相法、溶胶-凝胶法、共沉淀法、水热法等。固相法存在反应温度高、时间长、样品团聚严重等问题；溶胶-凝胶法存在原料成本高、反应周期长等问题；共沉淀法难以控制样品的形貌且由于后期的煅烧过程也导致一定程度的团聚；水热法虽然易于控制样品的形貌粒度，但也存在反应时间过长（一般均在 12h 以上）等问题。

本实验将水热法控制形貌与微波法快速高效的特点有机结合，采用微波水热法快速合成 ZnWO₄：Eu^{3+}、Dy^{3+} 单一基质白色荧光粉。通过 X 射线粉末衍射（XRD）仪、扫描电镜（SEM）、能谱仪（EDS）、荧光分光光度计等手段对合成产物进行分析和表征，同时探究体系 pH 对样品组成、物相结构的影响，确定最佳 pH；在最佳 pH 条件下，进一步探究 Dy^{3+} 浓度对 $Zn_{0.9975-x}WO_4：0.0025Eu^{3+}，xDy^{3+}$ 发光性能的影响，确定发射白光的最佳组成。

四、仪器与试剂

1. 仪器

电子分析天平，数显恒温磁力搅拌器，烧杯（100mL×2），吸量管（10mL×2），量筒（5mL、10mL、50mL），滴管，pH 试纸，洗瓶，玻璃棒，布氏漏斗，吸滤瓶，滤纸，真空泵，酸式滴定管（50mL），锥形瓶（250mL×6），容量瓶（500mL×2），试剂瓶（500mL），水热反应釜（100mL），离心管，低速离心机，烘箱，微波水热平行合成仪（XH-600S 型），X 射线衍射仪（D8 Advance 型），扫描电镜（SEM）-能谱（EDS）一体机（Phenom ProX 型），荧光分光光度计（F-380 型），快速光谱分析仪（HP8000 型）。

2. 试剂

氧化铕（Eu_2O_3，≥99.99%），氧化镝（Dy_2O_3，≥99.99%），EDTA 二钠盐标准溶液（0.04897mol/L）；二甲酚橙（$C_{31}H_{32}N_2O_{13}S$，2g/L），六次甲基四胺（$C_6H_{12}N_4$，200g/L），钨酸钠（$Na_2WO_4 \cdot 2H_2O$，A.R.），硝酸锌 [$Zn(NO_3)_2 \cdot 6H_2O$，A.R.]，硝酸（HNO_3，2mol/L），氢氧化钠（NaOH，6mol/L），无水乙醇（C_2H_5OH），去离子水。

五、实验步骤

1. $Eu(NO_3)_3$ 溶液和 $Dy(NO_3)_3$ 溶液的配制和标定

称取 8.1g Eu_2O_3 和 10.0g Dy_2O_3 分别溶于一定量的热的浓硝酸中，过滤，滤液转移到 500mL 容量瓶中，加水定容到 500mL，制得 $Eu(NO_3)_3$ 和 $Dy(NO_3)_3$ 溶液。

用移液管移取 10.00mL 稀土硝酸盐溶液于 250mL 锥形瓶中，加入 2 滴二甲酚橙指示剂，滴加 200g/L 六次甲基四胺溶液至呈现稳定的紫红色，再多加 5mL 六次甲基四胺溶液，用 EDTA 标准溶液滴定至溶液由紫红色突变为亮黄色，即为终点。平行滴定 3 次，计算稀土硝酸盐溶液的准确浓度。

2. 样品的合成

采用微波水热法合成 $Zn_{0.9975-x}WO_4$：$0.0025\ Eu^{3+}$，$x\ Dy^{3+}$（$x=0$，0.0025，0.005，0.01，0.02）系列荧光粉。以 $Zn_{0.995}WO_4$：$0.0025Eu^{3+}$，$0.0025Dy^{3+}$ 样品为例，过程如下：

（1）准确称取 1.4845g $NaWO_4 \cdot 2H_2O$，在磁力搅拌下，溶解于 20mL 去离子水中，形成溶液 A。

（2）准确称取 1.3320g $Zn(NO_3)_2 \cdot 6H_2O$，在磁力搅拌下，溶解于溶于 20mL 去离子水中，形成溶液 B。

（3）分别量取 0.12mL $Eu(NO_3)_3$（0.0911mol/L）和 0.11mL $Dy(NO_3)_3$（0.1062mol/L）溶液加入到溶液 B 中，搅拌均匀。

（4）在磁力搅拌下，将上述金属硝酸盐混合溶液 B 逐滴加入到溶液 A 中，形成白色沉淀。

（5）用 6mol/L 的 NaOH 溶液调节反应体系的 pH 值至 7，继续搅拌 30min。

（6）将悬浊液转移至 100mL 聚四氟乙烯内衬的反应釜中，填充度为 45%。将反应釜置于微波水热平行合成仪中，设置仪器功率为 1000W，在 180℃下保温 2h。

（7）自然冷却至室温，离心分离。所得产物用去离子水洗涤三次，用无水乙醇洗涤三次。

（8）在 90℃下干燥 30min，即得样品。

其他不同的 pH 值（2、5、6、7、10、13）和 Dy^{3+} 浓度（$x=0$，0.005，0.01，0.02）系列荧光粉的制备过程与上述过程类似。

3. 分析表征

用 X 射线衍射（XRD）仪测定样品的物相结构，测试条件为：$10° \leqslant 2\theta \leqslant 70°$，$Cu\ K\alpha$，$\lambda=0.15406nm$，所用电压为 40kV，电流为 40mA，扫描速度为 0.1°/s；用扫描电镜（SEM）-能谱（EDS）一体机观测样品的微观形貌和粒度，并测定样品的组成；用荧光分光光度计测定样品的激发和发射光谱，测试条件为：激发狭缝 10nm，发射狭缝 5nm，电压为 500V，增益 I＝"1"；通过快速光谱分析仪测定样品的色坐标及色温。所有样品均在室温下测试。

六、 数据处理

测定结果填入表 19-1、表 19-2。

表 19-1　$Eu(NO_3)_3$ 溶液浓度测定结果

记录项目		I	II	III
$V_{Eu(NO_3)_3}$/mL				
V_{EDTA}/mL	初始			
	终点			
	净用量			

续表

记录项目	Ⅰ	Ⅱ	Ⅲ
c_{EDTA} / (mol/L)			
$c_{Eu(NO_3)_3}$ / (mol/L)			
$\bar{c}_{Eu(NO_3)_3}$ / (mol/L)			

表 19-2　$Dy(NO_3)_3$ 溶液浓度测定结果

记录项目		Ⅰ	Ⅱ	Ⅲ
$V_{Dy(NO_3)_3}$/mL				
V_{EDTA}/mL	初始			
	终点			
	净用量			
c_{EDTA} / (mol/L)				
$c_{Dy(NO_3)_3}$ / (mol/L)				
$\bar{c}_{Dy(NO_3)_3}$ / (mol/L)				

七、 注意事项

1. 反应过程中 pH 值控制要准确。

2. 装反应釜时，要加防爆片，每片防爆片使用 3 次为安全值；同时，用扳手拧紧塑料螺母。

3. 微波水热反应过程中，距离微波水热合成仪 1m 以外。

八、 思考题

1. 微波水热法的基本原理是什么？与其他合成方法相比，该法具有什么优点？

2. 稀土离子具有什么发光特性？其中 Dy^{3+}、Eu^{3+} 作为发光中心，具有什么特点？

3. 白光 LED 产生白光有哪些途径？各有什么优缺点？

九、 参考文献

［1］Zhai Y Q，Wang M，Zhao Q，et al. Journal of Luminescence，2016，172：161-167.

［2］Zhai Y Q，Li X，Liu J，et al. Journal of Rare Earth，2015，33（4）：350-354.

［3］Dai Q，Song H W，Bai X，et al. Journal of Physical Chemistry C，2007，111（21）：7586-7592.

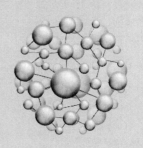

实验 20

均相沉淀法制备单分散 Y_2O_3：Eu^{3+} 纳米球及发光性能实验

一、预习要点

1. 稀土发光材料的特点。
2. 均相沉淀法的特点、基本原理和此方法制备纳米材料的过程。
3. 发光材料的表征方法及原理。

二、实验目的

1. 了解均相沉淀法的基本原理，学习用此种方法制备纳米材料的过程。
2. 学习发光材料的基本发光原理，并简单了解稀土发光材料的特点。
3. 掌握无机纳米发光材料的基本表征方法。

三、实验原理

Y_2O_3：Eu^{3+} 是一种重要的红色发光材料，由于它发光效率高，有较高的色纯度和光衰特性，已被广泛用于制作彩色电视显示器、三基色荧光灯、节能荧光灯、复印灯和紫外真空激发的气体放电彩色显示板。Y_2O_3：Eu^{3+} 材料的制备一般采用高温固相反应，由于灼烧温度高（1300℃以上）、灼烧时间长（4～5h），形成硬团聚体，产物粒径较大，一般为微米级，需进行球磨粉碎以减小其粒径，在研磨过程中容易引入杂质且晶型破坏使得发光亮度减小，很难制得均相、均一粒度分布的氧化物粉体。而利用均相沉淀法则可以在较温和的反应条件下制备出分散性好、尺寸均一的具有球形形貌的 Y_2O_3：Eu^{3+} 发光材料，发光性能好，且合成设备简单。图 20-1 是 Y_2O_3：Eu^{3+} 发光材料的激发和发射光谱图。

本实验方法是利用尿素为沉淀剂，采用两步法来制备单分散 Y_2O_3：Eu^{3+} 球形发光材料。尿素具有弱碱性，加热到 60℃ 以上便开始发生水解，反应方程式如下：

$$(NH_2)_2CO + 3H_2O \longrightarrow 2NH_4^+ + 2OH^- + CO_2$$

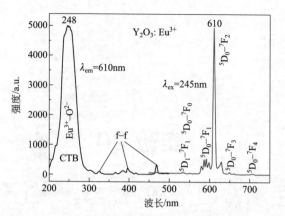

图 20-1　$Y_2O_3 : Eu^{3+}$ 发光材料的激发和发射光谱图

$$CO_2 + H_2O \longrightarrow 2H^+ + CO_3^{2-}$$

本实验的目的就是以尿素水解产生的 NH_4OH 来调节溶液的 pH 值，降低 Y^{3+} 沉淀的速度，使其形成均匀的颗粒。随着尿素分解量的增多，溶液的 pH 值上升，Y^{3+} 和 Eu^{3+} 与尿素分解释放出的 OH^- 和 CO_3^{2-} 反应，以前驱体的形式生成沉淀，具体反应如下：

$$(1-x)Y^{3+} + xEu^{3+} + (NH_2)_2CO + 3H_2O \longrightarrow Y_{1-x}Eu_x(OH)CO_3 + 2NH_4^+ + H^+$$

将反应制备的前驱体在高温下煅烧可使之分解为相应的氧化物（$Y_2O_3 : Eu^{3+}$），反应如下：

$$2Y_{1-x}Eu_x(OH)CO_3 \longrightarrow Y_{2-2x}Eu_{2x}O_3 + H_2O + 2CO_2$$

四、仪器与试剂

1. 仪器

DF-101S 集热式恒温磁力搅拌器，三口烧瓶（500mL），烧杯（500mL），吸量管（5mL），量筒（100mL），磨口玻璃塞（3个），布氏漏斗，减压过滤装置，pH 试纸，烘箱，马弗炉，X 射线衍射仪，差热-热重分析仪，扫描电子显微镜，荧光光谱仪。

2. 试剂

$Y(NO_3)_3$ 溶液（自制，1.0mol/L），$Eu(NO_3)_3$ 溶液（自制，0.1mol/L），尿素，无水乙醇（95%），去离子水。

五、实验步骤

1. 量取 19mL 1.0mol/L 的 $Y(NO_3)_3$ 溶液和 10mL 0.1mol/L 的 $Eu(NO_3)_3$ 溶液于 500mL 烧杯中，加入 300mL 去离子水。在搅拌过程中加入 30g 尿素，搅拌使之溶解。将上述溶液转移到 500mL 三口烧瓶中，后固定在恒温磁力搅拌器上在室温下搅拌 15min，然后逐渐升温至 95℃，在搅拌过程中恒温 1h。

2. 待反应完成后，将所得白色前驱体沉淀抽滤，用去离子水洗涤至接近中性，再用无水乙醇洗去水分，烘干。烘干后的前驱体进行 SEM 和 TG-DTA 分析，确定前驱体形貌及煅烧温度。

3. 重复实验步骤 1 和 2，改变 $Eu(NO_3)_3$ 溶液的加入量，分别制备掺杂 2% 和 8% Eu^{3+} 的前驱体。

4. 将烘干后的三份前驱体放入马弗炉中，升温至 800℃，恒温 1h，自然冷却到室温后即得到 Y_2O_3：2% Eu^{3+}、Y_2O_3：5% Eu^{3+} 和 Y_2O_3：8% Eu^{3+} 球形发光材料。对其进行 XRD、EDS 和 SEM 分析，并通过测试荧光光谱研究其发光特性。

六、材料表征

1. 对前驱体进行 SEM 和 TG-DTA 分析，确定其形貌、元素组成及煅烧温度。

2. 对终产物进行 XRD、EDS、SEM、PL 分析，确定其物相结构、形貌、粒度、分散性及发光性能。

七、注意事项

1. Eu^{3+} 的掺杂浓度对样品的发光强度有很大影响，因此溶液的配制和量取要准确。

2. 反应过程中温度控制要准确。

3. 在使用马弗炉高温煅烧样品时，要注意防止烫伤。

八、思考题

1. 与传统的高温固相法相比，均相沉淀法制备 Y_2O_3：Eu^{3+} 发光材料的优点是什么？

2. 如何通过 TG-DTA 分析确定前驱体的煅烧温度？

九、参考文献

[1] Li Jiguang，Li Xiaodong，et al. J. Phys. Chem. C，2008，112，11707-11716.

[2] Li Jiguang，Li Xiaodong，et al. Chem. Mater，2008，20，2274-2281.

[3] Jia Guang，Yang Mei，et al. Cryst. Growth Des，2009，9，301-307.

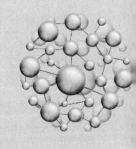

实验 21

可控掺杂纳米 TiO_2 制备及活性氧自由基测定实验

一、预习要点

1. 二氧化钛的晶体结构及不同晶型二氧化钛的禁带宽度区别。
2. 二氧化钛的光催化机理及活性氧自由基在光催化中的作用。
3. 无机纳米材料常用的制备方法和表征手段。

二、实验目的

1. 了解水热（溶剂热）方法制备无机纳米材料的基本原理、实验过程及操作要点。
2. 理解二氧化钛的光催化机理，学会活性氧自由基的测定方法。
3. 掌握无机纳米材料的基本表征方法，如 TEM、XRD、荧光光谱等。

三、实验原理

纳米二氧化钛（TiO_2）是一种典型的宽禁带半导体材料，在能源、环境和生物医药领域具有重要的应用前景，特别是作为无机光敏剂，纳米 TiO_2 在光催化、光动力治疗中的应用潜力巨大。TiO_2 的晶体结构包括锐钛矿、金红石和板钛矿三种，不同晶型的 TiO_2 禁带宽度不同，而且结构完整性不同，因此导致了其光催化以及光动力治疗性能不同。

纳米 TiO_2 是否具有光催化/光动力治疗性能及其性能高低，与纳米 TiO_2 的结构密切相关，而且其活性氧自由基的产率是其性能评价的根本。因此，通过测定纳米 TiO_2 在光照条件下的活性氧自由基产生情况，就可以从本质上评价合成的纳米 TiO_2 的光催化/光动力治疗性能，进而可以指导材料的功能剪裁，制备出性能更优的纳米 TiO_2。

在本实验中，首先制备出可控铁掺杂的纳米 TiO_2，然后将 9,10-蒽二基-二（亚甲基）二丙二酸（ABDA）加入到纳米 TiO_2 的水溶液中，在紫外光的照射下，利用 ABDA 与活性氧自由基发生反应，导致出现 ABDA 的荧光减弱的现象，从本质上评价纳米 TiO_2 的光催化性能。通过本实验，能进一步加强学生的理论知识水平，提升学生的实验技能，同时使学生对材料的形貌-结构-性能之间的构效关系有初步的了解和认识。

四、仪器与试剂

1. 仪器

烧杯（500mL）1 个、量筒（10mL）1 个、玻璃棒、布氏漏斗、减压过滤装置、pH 试纸、烘箱、研钵、超声波清洗机、高压水热反应釜、光化学反应仪、透射电子显微镜、X 射线衍射仪、荧光光谱仪。

2. 试剂

四氯化钛、氨水、三氯化铁、无水乙醇、十六烷基三甲基溴化铵（CTAB）、9,10-蒽二基-二（亚甲基）二丙二酸（ABDA）。

五、实验步骤

1. 合成可控铁掺杂的纳米 TiO_2

称取 0.027g 的 $FeCl_3 \cdot 6H_2O$ 直接加入反应釜内胆中，加 5mL 去离子水，然后加入 CTAB 0.01g，并用玻璃棒搅拌，成黄色悬浊液。用干燥量筒量取 5mL $TiCl_4$ 滴到上述溶液中，并用玻璃棒不断搅拌。用体积比为 1∶1 的氨水中和至弱碱性（pH 为 9～10），并向反应釜中加去离子水至反应釜体积的 75% 左右，然后密封反应釜，放置在烘箱中在 160℃反应 2h。反应结束后，取出反应釜，待冷却后打开反应釜，利用布氏漏斗进行固液分离、洗涤，并用无水乙醇洗去水分、烘干、研磨，收集样品备用。

2. 活性氧自由基的测定

配制 200mL 浓度为 25mg/L 的 ABDA 溶液，在避光处将 10mg 纳米 TiO_2 加入到 ABDA 溶液中，将上述溶液等分在四个玻璃管中并于暗处磁力搅拌 10～15min，使样品与 ABDA 之间达到吸附和解吸附平衡。然后打开光化学反应仪的紫外光灯，分别照射 0min、5min、10min 和 15min，利用荧光光谱仪测定荧光强度的变化，波长范围 400～600nm。

3. 形貌和结构表征

对制备得到的纳米 TiO_2 进行 TEM 测试，观察其形貌和尺寸，进行 XRD 测试确定其晶体结构。

六、数据处理

1. 分析 TEM 图，确定材料的形貌、尺寸及分散度。
2. 分析 XRD 谱，确定材料的晶体结构。
3. 分析荧光光谱图，根据发射峰强度变化，确定活性氧自由基的产生随光照时间的变化。

七、注意事项

1. 在进行光化学反应时，注意循环水保持打开状态，以防烧坏紫外光灯。

2. 一定要使 ABDA 与纳米 TiO_2 充分接触，达到吸附与解吸附平衡，以免影响活性氧自由基的测定准确度。

八、 思考题

1. 纳米 TiO_2 的三种晶型是什么？哪种晶体结构的光催化性能最好？

2. ABDA 测定纳米 TiO_2 活性氧自由基的原理是什么？

九、 参考文献

［1］林建华，荆西平，等. 无机材料化学［M］. 北京：北京大学出版社，2006：289

［2］丁士文. 纳米 TiO_2-ZnO 复合材料的合成、结构与光催化性能［J］. 无机化学学报，2003，19：631.

［3］Zeng L，et al. Doxorubicin-loaded $NaYF_4$：Yb/T_m-TiO_2 inorganic photosensitizers for NIR-triggered photodynamic therapy and enhanced chemotherapy in drug-resistant breast cancers［J］. Biomaterials，2015，57：93.

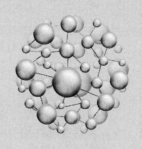

实验 22

锶掺杂纳米羟基磷灰石的制备及表征实验

一、预习要点

1. 纳米羟基磷灰石的性质和用途。
2. 锶元素在元素周期表中的位置、电子结构及性质。
3. 纳米材料形貌、尺寸、晶型和组成等理化性质的表征方法。

二、实验目的

1. 了解以 EDTA 二钠为模板合成锶掺杂纳米羟基磷灰石的基本原理。
2. 掌握无机纳米材料的基本表征方法，如 XRD、TEM、SEM、EDS 等。

三、实验原理

水热法通常被用于制备一维纳米尺寸的羟基磷灰石 $[Ca_{10}(PO_4)_6(OH)_2]$，通过常规水热法获得的颗粒的形态通常是不规则的，球形的或至多棒状的，具有非常宽的尺寸分布。为了改进水热过程，可以使用许多有机改性剂，包括钙螯合剂和各种有机表面活性剂。EDTA 是最常用的钙螯合剂，通过四个氧和两个氮环绕 Ca^{2+} 形成几个五元螯合物环而发挥六配位体的作用。在螯合过程之后，所得的配合物可以通过受控的水热处理来分解。已经发现在 EDTA 的存在下，可以在更温和的水热温度下获得更长的晶体。EDTA 可以强烈螯合游离的钙离子，并且随后控制 HA 核的晶体生长。由于络合作用，游离钙离子的浓度急剧下降，导致形成较小尺寸和数量的 HA 核。在水热处理期间，钙离子被释放并且每个单独的核将生长成不同的单个棒状颗粒，并且最终生长成良好分散的长纤维。

锶（Sr）元素与钙（Ca）有相同的化合价和相似的离子半径。在人体中，锶对骨具有很大的亲和力，离子锶具有与钙相似的代谢途径，并且可以容易地掺入骨和牙齿的矿物结构中。锶掺杂的 HA，其与未掺杂的 HA 相比显示出增强的成骨细胞活性。由于锶的原子尺寸大于钙的原子尺寸，将锶取代 HA 的钙会引起晶格的膨胀。锶的引入可以改变 HA 的溶解行为和生长动力学。锶掺杂后 HA 的晶格畸变程度增大，会溶解更多的 HA。由于提供了足够的解离出的离子，溶解度的增加也可以有益于这种类型的材料的生物活性性能。锶也参与生物矿化过程，并发挥非常重要的作用。在 HA 中掺杂锶元素，可以提高成骨细胞的成骨能力。

采用 EDTA 作为钙螯合剂，在 HA 成核生长过程中，通过逐步释放 Ca^{2+} 来控制晶体的生长速度。EDTA 不进入生成的 HA 晶体中，易于在后续的洗涤中除去。本实验采用水热法以 EDTA 二钠为模板合成系列 Sr-HA，并采用 TEM、SEM、XRD、红外等表征了样品的形貌和组成。

四、 仪器与试剂

1. 仪器

电子分析天平，反应釜，电热恒温鼓风干燥箱，高速冷冻离心机，超声清洗仪，减压过滤装置，pH 试纸，冷冻干燥机，X 射线粉末衍射仪，傅里叶变换红外光谱仪，扫描电子显微镜，透射电子显微镜，能谱仪。

2. 试剂

$Ca(NO_3)_2 \cdot (H_2O)_4$、$Sr(NO_3)_2$、EDTA 二钠、氨水、$(NH_4)_2HPO_4$、无水乙醇、$Na_2HPO_4$、去离子水。

五、 实验步骤

1. 在 100mL 烧杯中，配制浓度为 11.25mmol/L $Ca(NO_3)_2 \cdot (H_2O)_4$、分别掺杂不同比例的 $Sr(NO_3)_2$（1.0%、2.5%、5.0%、10.0%，质量分数），加 2.50mmol/L EDTA 二钠溶液 25.00mL，在恒温磁力搅拌器上于室温下搅拌 30min，得到溶液一。

2. 配制浓度为 7.50mmol/L $(NH_4)_2HPO_4$ 溶液 25.00mL 于 100mL 烧杯中，室温下搅拌 30min，得到溶液二。

3. 将溶液二逐滴滴入溶液一中，用氨水将混合后的溶液 pH 调节到 10，缓慢升温至 60℃，恒温搅拌 60min 后将溶液转移到水热反应釜中，在 180℃下，反应 6h，沉淀经离心、洗涤后，用无水乙醇洗去水分，冷冻干燥，即得到锶掺杂纳米羟基磷灰石。

4. 将 Sr-HA 纳米颗粒进行 XRD、SEM、TEM、EDS 和红外分析。

六、 思考题

1. 与传统的合成方法相比，以 EDTA 二钠为模板制备 Sr-HA 纳米颗粒有什么优点？

2. 如何根据 Sr 的不同掺杂比例配制 $Sr(NO_3)_2$ 溶液的浓度？［备注：羟基磷灰石分子式为 $Ca_{10}(PO_4)_6(OH)_2$，可按一定的 Sr 和 Ca 的质量比配制］。

七、 参考文献

［1］Jiang D, Li D, Xie J, et al. Shape-controlled synthesis of F-substituted hydroxyapatite microcrystals in the presence of Na_2EDTA and citric acid [J]. Journal of

Colloid & Interface Science，2010，350（1）：30-38.

［2］Bhattacharjee B N，Mishra V K，Rai S B，et al. Study of Morphological Behavior of Hydroxyapatite，EDTA Hydroxyapatite and Metal Doped EDTA Hydroxyapatite Synthesized by Chemical Co-Precipitation Method via Hydrothermal Route［J］. Key Engineering Materials，2017，720：210-214.

［3］Chandran S，Suresh B S，Vs H K，et al. Osteogenic efficacy of strontium hydroxyapatite micro-granules in osteoporotic rat model［J］. Journal of Biomaterials Applications，2016，31（4）：499-509.

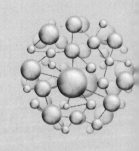

实验 23

二溴新戊二醇/季戊四醇磷酸酯膨胀型阻燃剂的制备及在阻燃 LDPE 中的应用

一、 预习要点

1. 膨胀型阻燃剂的组成、合成方法及阻燃机理。
2. 膨胀型阻燃剂在阻燃聚合物中的应用。
3. 复合材料加工、阻燃性能测试方法，样品的流变、热重、SEM 表征。

二、 实验目的

1. 了解膨胀型阻燃剂的组成及阻燃机理，学习微胶囊化膨胀型阻燃剂的制备方法。
2. 通过膨胀型阻燃剂在阻燃 LDPE 中的应用，探讨阻燃剂的添加对 LDPE 的阻燃性能、机械性能的影响，考察膨胀型阻燃剂各要素的最佳配比。
3. 掌握阻燃剂/LDPE 复合材料的表征方法，利用拉伸性能测试、水平燃烧测试、热重分析、流变行为测试、扫描电子显微镜等完成对样品力学性能、阻燃性能以及材料相容性的测试。
4. 探讨成炭剂二溴新戊二醇在提高阻燃材料性能中的作用机理。

三、 实验原理

随着高分子聚合物的生产与发展，各种塑料、橡胶、纤维、涂料及其制品的应用范围越来越广，在建筑、交通、家用电器、纺织、机械化工等领域广泛应用，极大方便了人们的日常生活。但目前使用的大多数的高分子聚合物都具有可燃性，容易引发火灾，且燃烧速度快，温度高，有的甚至还会释放大量的浓烟及有毒和腐蚀性的气体，给环境、物质财产及生命安全带来严重损失。其中低密度聚乙烯（LDPE）具有优异的化学稳定性，优良的耐低温性、电绝缘性和介电性能以及易加工成型性，成为塑料中用量最大的热塑性聚合物。而 LDPE 是一种极易燃烧的材料，纯 LDPE 的极限氧指数（LOI）仅为 17.4%，而且着火后滴落不易熄灭，严重地影响其在生产中的应用，为此，研究 LDPE 的阻燃显得尤为重要。

膨胀型阻燃剂（IFR）由酸源、碳源和气源三要素组成。由聚磷酸铵（APP）/季戊四醇（PER）/三聚氰胺（M）为基本组成的复合物为典型的膨胀型阻燃体系。该体系中，各成分均为无机化合物，极性大，易吸潮，在复合材料中易迁移，造成有效成分流失。而采用 P_2O_5 与 PER 合成了季戊四醇磷酸酯（PPE），然后利用微胶囊技术，将三聚氰胺甲醛树脂（MFR）与 PPE 进行交联生成的不溶于水的磷酸酯三聚氰胺盐包覆到聚磷酸铵的表面，形成了更难溶于水的磷酸盐，改善了膨胀型阻燃剂的吸潮性及迁移性等，制得了三要素结合为一体的膨胀型阻燃剂（MAIFR），取得了良好的阻燃效果。但仍然存在着由于阻燃剂添加量大而造成的阻燃剂与基体树脂之间相容性差的问题，使复合材料的总体性能下降。

二溴新戊二醇（DBNPG）因其溴含量较低及分子结构中含有一个特征季碳原子和二元羟基可以作为 IFR 的碳源，以它为原料合成的阻燃聚酯及二溴新戊二醇磷酸酯等因添加量少对基材的机械性能冲击小，与 LDPE 的相容性能好，在 LDPE 中的应用较为广泛。本实验以二溴新戊二醇、季戊四醇、五氧化二磷、三聚氰胺、甲醛、聚磷酸铵为原料利用微胶囊技术合成了集酸源、碳源、气源为一体的微胶囊化膨胀型阻燃剂，用于阻燃 LDPE。研究 DBNPG 对 IFR/LDPE 复合材料的阻燃性能、样品断面 SEM 扫描、流变行为、剩炭结构和热降解行为的影响，进一步探讨了 DBNPG 对膨胀型阻燃 LDPE 的作用机理。图 23-1 为二溴新戊二醇、季戊四醇与五氧化二磷反应得到的产物。

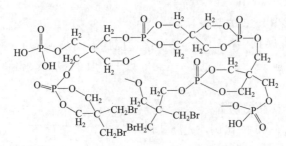

图 23-1 季戊四醇/二溴新戊二醇磷酸酯结构

四、仪器与试剂

1. 仪器

三口烧瓶（500mL，250mL）、量筒（100mL，200mL）、数显顶置式机械搅拌器、玻璃棒、温度计（100℃，200℃）、pH 试纸、电子分析天平、布氏漏斗、抽滤瓶、真空泵、滤纸、烘箱、双辊塑炼机（XKR-160）、平板硫化机（XBL-D400）、万能制样机（ZHY-W）、拉伸试样机（LJ-5000N）、水平燃烧试验仪（CZF-3）、旋转流变仪（AR2000ex）、扫描电子显微镜、热重分析仪。

2. 试剂

二溴新戊二醇（DBNPG，纯度≥98.0％）、五氧化二磷（P_2O_5，纯度≥99.0％）、季戊四醇（PER，纯度≥95.0％）、聚磷酸铵（平均聚合度 $n>1500$）、甲醛（F，分析纯）、三聚氰胺（M，纯度≥99.8％）、低密度聚乙烯（LDPE）。

五、实验步骤

1. 酸式 DBNPG/PER 磷酸酯的制备

向 500mL 三口烧瓶中，加入 7.2mL 85％的磷酸，控制温度在 110℃，交替加入 131.8g P_2O_5 和表 23-1 所示的 PER 和 DBNPG 的混合物，然后升温至 130℃，反应 4h，得棕红色黏稠液产品 A。

表 23-1　IFR 中 PER/DBNPG 配比及主要成分含量

IFR	PER/g	DBNPG/g	$W_{P_2O_5}$/％	W_{PER-P}/％	$W_{DBNPG-P}$/％
IFR0	100.0	0	52.1	32.8	0
IFR1	90.0	38.5	50.1	28.3	7.0
IFR2	80.0	77.0	48.3	24.3	13.5
IFR3	70.0	115.5	46.6	20.5	19.6

2. 羟甲基化三聚氰胺（MF）的制备

250mL 三口烧瓶中，加入 70.2mL 甲醛和 50mL 水，用三乙醇胺调 pH＝8，加入 117.0g M，在 75℃反应 30min，得产品 B。

3. 膨胀型阻燃剂 IFR0～3 的制备

室温下，将 358.8g APP 置于 200mL 水中，搅拌下同步加入上述制得的产品 A 和产品 B，然后升温至 70℃反应 1h，冷却过滤，120℃烘干，160℃焙烘 30min 得白色粉末产品 IFR 备用。

4. IFR/LDPE 复合样品的制备

按 IFR/LDPE 为 35/65 的比例，先将 LDPE 于 140℃条件下在双辊塑炼机上完全塑化后，分别加入 IFR0～IFR3，熔融共混 10min 后在温度为 120℃平板硫化机上压制成厚度为 3mm 的样片，70℃陈化 8h，并用万能制样机制成标准样条备用。

5. 样品表征

（1）拉伸性能与阻燃性能测试　采用 LJ-5000N 机械拉伸试样机，按 GB/T 1040 测样品的拉伸强度和断裂伸长率；采用 CZF-3 水平燃烧试验仪按 GB 2408—2008 水平燃烧法测试样品的自熄时间并观察记录燃烧现象。

（2）流变行为测试　采用 AR2000ex 旋转流变仪，测试频率为 6.283Hz，应变控制为 2％，升温速率为 2℃/min。在氮气环境下，对样品在 145～250℃范围内由低温向高温扫描，测定样品的流变行为。

（3）热重分析　精确称取样品 IFR0～IFR3 的质量约 10mg，采用 HCT-3 型热重分析仪，在空气流量为 30mL/min，10℃/min 的升温速率条件下，记录 50～800℃间 TG 和 DTA 的数据，并采用北京恒久热分析软件，以高纯锌为标准计算 230～500℃区间的放热量。

（4）扫描电子显微镜测试　采用 HITACHI-TM3000 扫描电子显微镜对样品水平燃烧测试后的残炭断面进行扫描分析；样品于液氮冷却条件下脆断，冲击断面喷金后，采用 KYKY-2800B 扫描电镜观察断面的微观结构。

六、 数据处理

测定结果见表 23-2。

表 23-2 IFR/LDPE 复合材料性能测定结果

样品		拉伸强度/MPa	断裂伸长率/%	阻燃性能	
				燃烧现象	自熄时间/s
A	LDPE				
B	IFR0/LDPE				
C	IFR1/LDPE				
D	IFR2/LDPE				
E	IFR3/LDPE				

七、 注意事项

1. 在季戊四醇/二溴新戊二醇磷酸酯的合成中随着 PER 和 DBNPG 的加入，体系会释放大量的热，为保证反应温度恒定，必须控制 PER 和 DBNPG 的加入速率。

2. 在 IFR/LDPE 复合样品的制备过程中，必须戴好石棉手套，防止烫伤。

八、 思考题

1. 膨胀型阻燃剂三要素是什么？阻燃机理是什么？

2. 二溴新戊二醇在 IFR/LDPE 复合材料性能优化中具有哪些优势？

九、 参考文献

［1］Liu Y，Wang D Y，Wang J S，et al. A novel intumescent flame-retardant LDPE system and its thermo-oxidative degradation and flame-retardant mechanism. Polym Adv Technol，2008，19：1566-1575.

［2］马志领，唐慧鹏，路正宇，等. 微胶囊化多聚磷酸铵的耐水性及其在聚丙烯中的阻燃性能. 中国塑料，2009，23（9）：76-79.

［3］马志领，崔海香，张娇娇，等. 膨胀型阻燃剂二溴新戊二醇磷酸酯三聚氰胺盐的合成及应用. 河北大学学报（自然科学版），2008，28（3）：258-262.

［4］Ma Z L，Wang X L，Sun N，et al. Flame retardation of dibromoneopentyl glycol on intumescent flame retardant/low-density polyethylene composites. J. Appl Polym Sci，2015，APP. 41244.

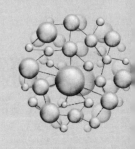

实验 24

2-取代苯并咪唑的绿色合成实验

一、预习要点

1. 芳香醛与邻苯二胺的反应原理、制备方法、反应条件。
2. 薄层色谱检测反应的方法、柱色谱分离技术。
3. 液相色谱的检测原理、检测方法。

二、实验目的

1. 了解"绿色"体系双氧水的氧化原理。
2. 了解在双氧水和催化剂体系下合成 2-取代苯并咪唑的反应机理。
3. 掌握基本有机实验操作，包括实验器材的选用、色谱检测、萃取和蒸馏分离、旋转蒸发仪、液相色谱分析等基本实验操作内容。
4. 学习薄层色谱（TLC）对反应检测的应用，掌握薄层色谱展开剂的选用方法。
5. 了解液相色谱分析（HPLC）的原理及其工作站的使用方法。

三、实验原理

苯并咪唑是一类重要的药物中间体，广泛应用于抗癌、抗真菌、抗高血压、生理紊乱等药物的合成，含有苯并咪唑结构片段药物的合成研究已经成为医药研发中十分活跃的领域之一。例如，受体拮抗剂阿司咪唑（Astemizole）、质子泵抑制剂兰索拉唑（Lansoprazole）、抗高血压药物替米沙坦（Telmisartan）、抗寄生虫药物阿苯达唑（Albendazole）等药物中都存在苯并咪唑类化合物的结构单元。

常规的苯并咪唑类化合物的合成方法，主要是利用邻苯二胺和酰卤化合物、有机羧酸及其衍生物通过脱卤或分子内缩合得到目标产物。近年来，由邻苯二胺与芳香醛通过缩合反应、环化反应等步骤合成苯并咪唑已经成为应用最为广泛的合成方法。

其反应机理如下：

四、 仪器与试剂

1. 仪器
圆底烧瓶（100mL）、色谱柱、磁力加热搅拌器、紫外分析仪、高效液相色谱仪、马弗炉、电热烘箱、电子分析天平（0.01g）、量筒（10mL）。

2. 试剂
邻苯二胺、苯甲醛、30%双氧水、钼酸铵；磁性四氧化三铁、正硅酸乙酯、浓氨水。

五、 实验步骤

1. 催化剂的制备
将 1.4g Fe_3O_4 微球充分分散于 70.0mL 的去离子水中，然后加入含有 5.0mL 浓氨水［25%（质量分数）］的无水乙醇溶液（280.0mL），搅拌 15min 混合均匀，最后逐滴加入 4.0mL 正硅酸乙酯，搅拌 12h 左右。反应完毕后，在外置磁场的作用下进行分离，用无水乙醇洗涤 5 次，放置于干燥箱中 80℃ 干燥 2h。

取 1.000g 上述制备的磁性纳米 $Fe_3O_4@SiO_2$，向其中加入一定量含有 0.245g $(NH_4)_6Mo_7O_{24}$ 的水溶液，均匀搅拌，使活性组分充分沉积于载体表面及孔道结构中，置于室温下过夜风干，然后将其放置于鼓风干燥箱中 12℃ 干燥 2h，即得到一种磁性核壳结构纳米催化剂 $Fe_3O_4@SiO_2@(NH_4)_6Mo_7O_{24}$。

2. 2-苯基苯并咪唑的合成
将苯甲醛（1.0mmol）、邻苯二胺（1.1mmol）、乙醇（5mL）置于 25mL 圆底烧瓶中，取 0.22g 上述制备的磁性催化剂 $Fe_3O_4@SiO_2@(NH_4)_6Mo_7O_{24}$ 加入反应液中，均匀搅拌，然后逐滴加入 0.2mL 30.0% H_2O_2，室温下搅拌一定时间，反应过程通过 TLC 或 HPLC 检测。反应完毕后，在外置磁场的作用下将催化剂与反应液分离，用无水乙醇洗涤催化剂 2 次以备回收套用。反应产物使用柱色谱分离提纯［石油醚：乙酸乙酯＝（6∶1）～（2∶1）］。

3. 产物分析
使用安捷伦 Agilent LC 1220 高效液相色谱对反应液进行检测分析。检测条件为：使用 C18 反相柱分析，流动相采用甲醇和水，体积比为 6∶4，流速 1.0mL/min，柱温箱温度为 30℃。

采用 FT-IR，^{1}H NMR，^{13}C NMR 进行结构鉴定。

六、 数据处理

$$收率＝转化率×选择性$$
$$分离收率＝\frac{产物实际质量}{产物理论质量}×100\%$$

七、 注意事项

1. 双氧水在滴加过程中注意不要滴到手上，如皮肤接触双氧水，立即用水清洗。
2. 反应过程中要通过 TLC 进行检测，记录反应时间。

八、 思考题

1. 双氧水的作用是什么？氧化机理是什么？
2. 其他的醛可以发生该反应过程吗？

九、 参考文献

[1] Tebbe M J，Spitzer W A，Victor F，et al. Antirhino/Enteroviral vinylacetylene benzimidazoles：A study of their activity and oral plasma levels in mice ［J］. Journal of Medicinal Chemistry，1997，40：3937-3946.

[2] Craigo W A，Le Sueur W，Skibo E B. Design of highly active analogues of the pyrrolo ［1，2-a］ benzimidazole antitumor agents ［J］. Journal of Medicinal Chemistry，1999，42：3324-3333.

[3] Gudmundsson K S，Tidwell J，Lippa N，et al. Synthesis and antiviral evaluation of halogenated β-D-and-L-erythrofuranosyl benzimidazoles ［J］. Journal of Medicinal Chemistry，2000，43：2464-2472.

[4] 李焱，马会强，王玉炉. 苯并咪唑及其衍生物合成与应用研究进展 ［J］. 有机化学，2008，28：210-217.

[5] Bai Guoyi，Lan Xingwang，Liu Xiaofang，et al. An ammonium molybdate deposited amorphous silica coated iron oxide magnetic core-shell nanocomposite for the efficient synthesis of 2-benzimidazoles using hydrogen peroxide. Green Chem.，2014，16：3160-3168.

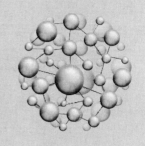

实验 25

经典芬顿反应促进苯乙烯、二甲基亚砜与 TMSN₃ 的甲基叠氮化反应

一、预习要点

1. 苯乙烯、二甲基亚砜、双氧水等试剂和所用主要仪器的使用规范及安全注意事项。
2. 经典有机人名反应——芬顿反应的实验原理和操作方法。
3. 本次甲基化反应实验原理及操作过程。

二、实验目的

1. 掌握溶剂二甲基亚砜作为甲基源参与甲基化反应的原理及操作过程。
2. 掌握芬顿反应的实验原理和操作方法。
3. 巩固薄层色谱、萃取、柱色谱等基本操作。

三、实验原理

　　二甲基亚砜在二价铁盐和双氧水的作用下（芬顿反应条件）产生甲基自由基，进攻苯乙烯双键后生成新的碳中心自由基 C，自由基 C 被高价铁氧化为苄基碳正离子 D，进而和 TMSN₃ 反应生成甲基叠氮化产物；或者自由基 C 直接从 TMSN₃ 中提取叠氮基生成最终产物。具体机理如下：

$$H_3C \overset{O}{\underset{}{\overset{\|}{S}}} CH_3 \xrightarrow[]{H_2O_2} H_3C \overset{HO}{\underset{}{\overset{O-OH}{S}}} CH_3 \xrightarrow[-OH^-]{Fe^{II} \ Fe^{III}} \left[H_3C \overset{HO}{\underset{CH_3}{\overset{O \cdot}{S}}} \right] \xrightarrow{-CH_3SO_2H} \cdot CH_3$$

A　　　　　　　　B

$$N_3 \overset{}{\underset{Ph}{\diagdown}} CH_3 \xleftarrow{TMSN_3} {}^+ \overset{}{\underset{Ph}{\diagdown}} CH_3 \xleftarrow[]{Fe^{II} \ Fe^{III}} \cdot \overset{}{\underset{Ph}{\diagdown}} CH_3 \xrightarrow{TMSN_3} N_3 \overset{}{\underset{Ph}{\diagdown}} CH_3$$

D　　　　　　　　　　　　C

四、 仪器与试剂

1. 仪器
电热套、烧瓶、冷凝管、磁子、分液漏斗、薄层板等。

2. 试剂
苯乙烯、二甲基亚砜、七水合硫酸亚铁、双氧水、羟胺氧磺酸、叠氮基三甲基硅烷。

五、 实验步骤

1. 投料
在 50mL 圆底烧瓶中一锅法分别加入 0.5g 苯乙烯、0.2g 七水合硫酸亚铁、10mL 二甲基亚砜、0.8g 双氧水、0.8g 羟胺氧磺酸和 0.83g 叠氮基三甲基硅烷。反应式如下：

$$Ph{-}CH{=}CH_2 \ + \ TMSN_3 \ + \ H_3C{-}\underset{O}{\overset{O}{S}}{-}CH_3 \ \xrightarrow[\substack{NH_2OSO_3H \\ N_2, 50℃}]{\substack{FeSO_4 \cdot 7H_2O \\ H_2O_2}} \ Ph{-}\underset{N_3}{CH}{-}CH_3$$

2. 检测反应
按照自下而上的顺序搭建回流装置图，用电热套或其他加热装置加热至 50℃，反应 3h 后通过薄层色谱检测反应进程。

3. 反应后处理
反应完成后，先后用蒸馏水和乙酸乙酯萃取反应混合物两次，合并有机相。加入适量无水硫酸钠干燥，过滤并使用旋转蒸发仪浓缩；最终以环己烷和乙酸乙酯混合物（体积比 20 : 1）作为流动相，通过柱色谱分离得到目标产物。

六、 数据处理

将最终产物通过核磁测试得到氢谱、碳谱；气相色谱测试得到分子量；分析产物结构并与已知化合物数据进行对比。

通过以上相同的方法，同样可以得到其他苯乙烯类化合物参与反应的情况。具体反应数据如下：

$$Ar{-}C({=}CH_2) \ + \ TMSN_3 \ + \ \underset{Q}{\overset{O}{S}}\underset{Q}{\overset{O}{}} \ \xrightarrow[\substack{NH_2OSO_3H \\ N_2, 50℃}]{\substack{FeSO_4 \cdot 7H_2O \\ H_2O_2}} \ Ar{-}\underset{N_3}{CH}{-}CH_3(CD_3)$$

Q = CH₃ 或 CD₃

1, 52%, 3h   **2**, 51%, 3h   **3**, 72%, 6h

4, 74%, 6h　　**5**, 51%, 3h　　**6**, 64%, 12h

7, 75%, 12h　　**8**, 87%, 6h　　**9**, 67%,12h

七、 注意事项

1. 投料前对各种试剂的理化性质进行搜索并了解。

2. 先加固体试剂、后加液体试剂，烧瓶口勿有固体残留，保证实验装置接口处气密性良好。

八、 思考题

1. 除了二甲基亚砜，是否有其他常见溶剂可以作为良好的甲基化试剂？

2. 查找经典芬顿反应在有机合成化学中的其他应用。

九、 参考文献

［1］河北大学. 基础化学实验. 2 版. 北京：化学工业出版社，2015.

［2］Zhang Rui，Yu Haifei，Li Zejiang，et al. Adv. Syn. Catal.，2018，360：1384-1388.

［3］Li Zejiang，Cui Xiaosong，Niu Lin，et al. Adv. Syn. Catal.，2017，359：246-249.

实验 26

7-羟基-4-甲基香豆素及其衍生物的合成实验

一、预习要点

1. 香豆素的合成方法及原理。
2. 薄层色谱的原理及使用。
3. 紫外光谱相关知识。

二、实验目的

1. 掌握 Pechmann 反应合成 7-羟基-4-甲基香豆素的原理和方法。
2. 掌握用薄层色谱法检测反应进程及检验合成化合物的纯度
3. 熟悉应用荧光光谱、紫外吸收光谱对合成产物进行结构表征。
4. 了解不同的合成方法并进行比较。

三、实验原理

本实验采用间苯二酚与乙酰乙酸乙酯在浓硫酸存在下经 Pechmann 反应合成 7-羟基-4-甲基香豆素，并对其进行衍生化，反应方程式如下：

产物经荧光光谱、紫外吸收光谱进行表征。实验中采用不同的合成方法（传统方式和微波反应）进行比较。

四、仪器与试剂

1. 仪器

三口烧瓶，滴液漏斗，导气管，球形冷凝管，温度计，电磁搅拌器，布氏漏斗，抽滤瓶，圆底烧瓶，量筒（10mL），微波反应器，电子分析天平（0.01g），薄层色谱板。

2. 试剂

间苯二酚，乙酰乙酸乙酯，浓硫酸，氢氧化钠，石油醚，乙酸乙酯，无水乙醇，乙酸酐，硫酸氢钠，环己醇，冰水，pH 试纸。

五、 实验步骤

1. 7-羟基-4-甲基香豆素的合成

（1）常规合成方法　在装有温度计、滴液漏斗、回流冷凝管的三口烧瓶中，加入 2.2g（0.02mol）间苯二酚、5mL 无水乙醇，搅拌使之溶解。慢慢加入 2mL 浓硫酸（98%），然后再用滴液漏斗慢慢滴加 2.6g（0.02mol）乙酰乙酸乙酯。室温下搅拌反应 2h 后将其倒入 60g 冰水中，静置，用布氏漏斗抽滤，冰水洗涤沉淀至滤液显中性。干燥后用无水乙醇重结晶。

（2）微波合成方法　在三口烧瓶中分别加入 2.2g（0.02mol）间苯二酚、10mL 环己醇，搅拌使之溶解。加入 2.6g（0.02mol）乙酰乙酸乙酯，然后再加入 1.6g 硫酸氢钠。在微波反应器中搭好反应装置，设置反应条件为：功率 400W，温度 90℃，反应时间为 20min。开始实验，反应结束后，冷却到室温，将析出的粗产品过滤，水洗，干燥，无水乙醇重结晶。

2. 7-乙酰氧-4-甲基香豆素的合成

将 7-羟基-4-甲基香豆素 1.43g 加入至三口烧瓶中，加入乙酸酐 3mL 加热至固体慢慢溶解，回流 1.5h，薄层色谱检测反应完毕后（用乙酸乙酯：石油醚＝1：1 展开）冷却至室温，析出大量白色固体。将其碾碎，倒入 40g 冰水中，布氏漏斗抽滤，水洗涤至中性，干燥得白色固体。用乙醇作溶剂，测定其紫外光谱，比较 7-羟基-4-甲基香豆素和 7-乙酰氧-4-甲基香豆素紫外光谱图吸收峰的变化。

六、 数据处理

比较两种合成方法的优劣，分别计算反应的产率。

七、 注意事项

1. 有机试剂有不同程度的毒性，实验在通风橱中进行。
2. 浓硫酸具有强腐蚀性，需小心使用。

八、 思考题

1. 简述本实验采用的 Pechmann 反应法的反应机理。
2. 简述粗产品初步纯化步骤中每步操作的目的。
3. 简述在薄层板上产物与原料的 R_f 值的区别并分析原因。

九、参考文献

[1] 陈雄，李崇熙，马维勇. 微波辐射促进香豆素衍生物合成的研究. 北京大学学报，2002，38（2）：263.

[2] 王丽娟，董文亮，赵宝祥. Pechmann 反应法制备香豆素的研究进展. 合成化学，2007，3：261.

[3] Russel A.，Frye J. R. 2，6-Dihydroxyaletophenone Org. Synthesis，1995，3：281.

[4] Vasundhara S，Jasvindar S，Preet K. K. Acceleration of the Pechmann Reaction by Microwave Irradiation：Application to the Preparation of Coumarins. J. Chem. Res. 1997，2：58.

[5] 李西安，马霞. 微波辐射合成 7-羟基-4-甲基香豆素. 化学世界，2008，11：607-673.

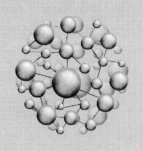

实验 27

CuBr 催化 4-戊烯酸和对甲苯硫酚的氧硫化反应实验

一、预习要点

1. 加成反应的定义及加成反应的分类。
2. 微量反应的操作规范。
3. 柱色谱和薄层色谱的基本原理。
4. 化合物结构鉴定的基本方法。

二、实验目的

1. 掌握硫化内酯类化合物的合成原理和方法。
2. 进一步熟练柱色谱及薄层色谱法等基本操作。
3. 通过 4-戊烯酸和对甲苯硫酚的氧硫化反应了解过渡金属催化下自由基类型的非活化烯烃的双官能团化反应。
4. 通过实践了解红外光谱法、傅里叶变换离子回旋共振质谱法、核磁共振谱法在有机合成中的应用。

三、实验原理

在有机化学中,内酯结构大量存在于具有生物活性的天然和非天然分子中,因此其合成显得较为重要。通常,人们利用烯酸的氧化内酯化来构建该结构。但是该方法往往需要化学计量的氧化剂和卤盐,有时甚至还需要两步反应。因此从绿色化学的角度看,发展操作简便、反应条件温和以及官能团兼容性好的新方法显得十分重要。可喜的是近年来有机化学家利用在铜催化下产生的三氟甲基自由基、叠氮自由基、砜基自由基、苯基自由基以及烷基自由基等可以实现与烯酸发生双官能团化反应,从而得到相应的官能团化内酯化合物。这类反应不仅简单高效,而且可以在构建内酯结构的同时引入另一个官能团,从而增加化合物的复杂性和实用性(图 27-1)。

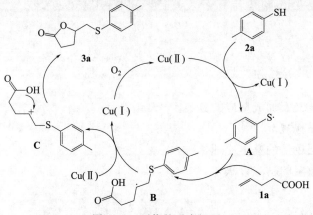

图 27-1　铜催化烯酸类化合物和苯硫酚类化合物的氧硫化反应

在本次试验中，利用铜催化剂在构建内酯的同时引入一个 C—S 键。有机硫化合物也是一类重要的合成中间体和生物活性物质，广泛应用于有机合成、药物化学和材料科学等领域。该反应的机理如下：首先一价铜在空气中氧气的作用下生成二价铜。然后底物对甲基苯硫酚（**2a**）在二价铜作用下生成对甲基苯硫酚自由基（**A**），紧接着对甲基苯硫酚自由基（**A**）加成到底物 4-戊烯酸（**1a**）的双键上形成自由基 **B**，自由基 **B** 再通过单电子氧化得到正离子中间体 **C**，最后中间体 **C** 经过内部的亲核反应得到最终的硫化内酯产物 **3a**（图 27-2）。

图 27-2　可能的反应机理

硫化内酯化合物 **3a** 的核磁共振谱特征如图 27-3 所示。

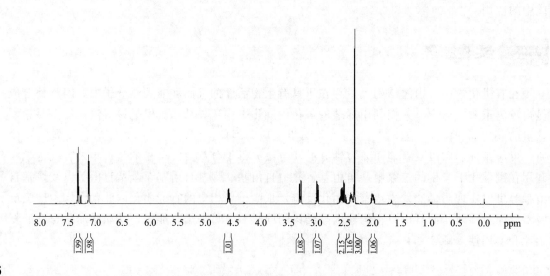

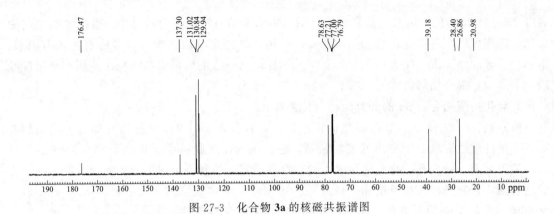

图 27-3　化合物 **3a** 的核磁共振谱图

硫化内酯化合物 **3a** 的高分辨质谱特征如图 27-4 所示。

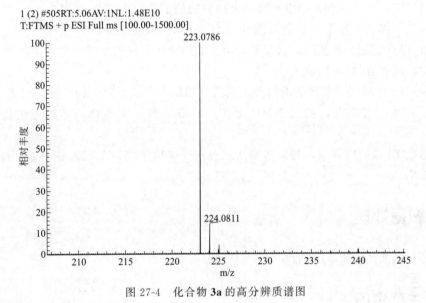

图 27-4　化合物 **3a** 的高分辨质谱图

四、仪器与试剂

1. 仪器

红外光谱仪，质谱仪，核磁共振仪，旋转蒸发仪，磁力搅拌器，电子分析天平，反应瓶（10mL），萃取漏斗（100mL），色谱柱，锥形瓶（100mL），色谱瓶，量筒（10mL）。

2. 试剂

4-戊烯酸，对甲苯硫酚，CuBr，DMSO，石油醚，乙酸乙酯，NaCl，Na_2SO_4，柱色谱硅胶，薄层色谱板，气球。

五、实验步骤

1. 硫化内酯化合物 **3a** 的合成

在空气条件下，将 0.2mmol 4-戊烯酸、0.4mmol 对甲苯硫酚和 0.04mmol CuBr 加入到装有 2mL DMSO 的 10mL 反应瓶中。然后将混合物在 120℃下搅拌 24h。通过薄层色谱法监测反应完成后，将反应混合物用水稀释，并用乙酸乙酯萃取 3 次。合并的有机相再用水、饱和盐水各洗涤 2 次，接着用无水 Na_2SO_4 干燥，真空浓缩后可得粗产物。将粗产物用硅胶粉（一药勺）混合均匀。

2. 硫化内酯化合物 3a 的分离纯化（柱色谱）

（1）装柱　取 15cm×1.5cm 色谱柱一根，垂直装置，以 25mL 锥形瓶作洗脱液的接收器。取少许脱脂棉放于干净的色谱柱底部，轻轻压紧，在脱脂棉上盖一层厚 0.5cm 的石英砂，关闭活塞，加入石油醚至柱高 3/4 处，打开活塞，控制流出速率为 1 滴/s。通过一干燥的玻璃漏斗，慢慢加入柱色谱用的硅胶粉。用加压泵使填装紧密。当装柱至 8cm 时，再在上面加一层 0.5cm 的石英砂。注意一直保持石油醚高于石英砂 3～5cm。

（2）上样　将用硅胶粉混合后的粗产物倒入装好的柱子里，同时用木棒轻轻敲击柱身，使填装均匀紧实，整个过程保持液面高于上样后的柱子。

（3）分离　在色谱柱上装上置液漏斗，用 EtOAc/石油醚＝1/10～1/5（体积比）进行洗脱，通过 TLC 监测分离情况，将得到的溶液通过旋转蒸发仪浓缩可得纯净产物 3a。

3. 硫化内酯化合物 3a 的鉴定

（1）用 KBr 压片法录制产物的红外光谱图，指出各个主要吸收特征峰的归属。

（2）以 $CDCl_3$ 为溶剂，测定 NMR 谱图，解析谱图证实产物的结构为硫化内酯化合物 3a。

（3）通过 EI 源的质谱仪，测定质谱图，查找分子离子峰以及归属各个碎片峰，进一步证实产物结构。

六、 数据处理

计算硫化内酯化合物 3a 的收率。

七、 注意事项

1. 所使用的溶剂 DMSO 要进行无水纯化处理。
2. 反应时，要待磁力搅拌器的预设温度平稳后再装上反应瓶。
3. 了解干法上样的规范操作。

八、 思考题

1. 什么叫双官能团化反应？试结合本实验讨论一下过渡金属催化下烯烃双官能团化反应的条件。

2. 本实验中，为什么是空气中的氧气起到氧化剂的作用？实际上 DMSO 往往也具有氧化性，请设计一个简单的对照实验进行一下判断。

3. 使用柱色谱分离纯化产物时，若柱中留有空气或填装不匀，对分离效果有何影响？如何避免？

4. 测定 NMR 谱图时，为什么要用氘代试剂？

九、参考文献

［1］兰州大学化学化工学院.大学化学实验　基础化学实验Ⅰ.兰州：兰州大学出版社，2004：8.

［2］孙建民，单金缓，李志林.基础化学实验Ⅰ　基础知识与技能.2版.北京：化学工业出版社，2014：288，736.

［3］陈漫漫，王力竞，李玮.Chin.J.Org.Chem，2017，37，1173-1180.

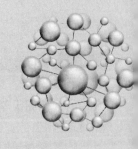

实验 28

巯基荧光探针的制备与光谱测试实验

一、 预习要点

1. 了解香豆素的制备和实用价值。
2. 了解荧光探针的设计原理。
3. 了解巯基化合物的基本物理性质和化学性质。
4. 了解紫外吸收光谱和荧光发射光谱的基本知识。

二、 实验目的

1. 掌握利用被检测物质的化学性质，设计反应型荧光探针的方法。
2. 掌握利用亲核取代制备化合物的方法。
3. 熟悉利用紫外吸收光谱分析化合物结构的方法。
4. 熟悉利用紫外吸收光谱和荧光光谱测试探针分子的方法。

三、 实验原理

  香豆素和 7-硝基苯并-2-氧杂-1,3-二唑（NBD）是两种性质优良的荧光基团，其中，7-羟基香豆素结构中 7 位含有酚羟基，可以发生亲核取代反应；NBD 结构中含有硝基，可以作为淬灭基团，通过光诱导电子转移（PET）原理，淬灭荧光探针的荧光。

  利用巯基化合物（如半胱氨酸、同型半胱氨酸等）巯基的亲核性，与探针的醚键发生亲核取代反应，生成香豆素和 NBD 巯基中间体，NBD 巯基中间体进一步发生分子内重排反应，生成 NBD 氨基终产物。如图 28-1 所示，硝基淬灭了香豆素的荧光，探针分子无荧光；探针与半胱氨酸反应后，香豆素青色荧光被释放；NBD 巯基中间体无荧光，其发生分子内重排，NBD 氨基产物具有绿色荧光。

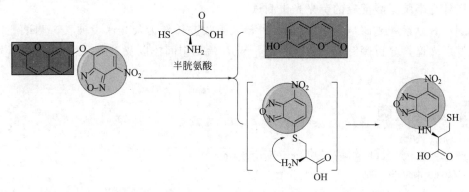

图 28-1　荧光探针结构、其与半胱氨酸发生反应以及荧光响应示意图

四、仪器与试剂

1. 仪器

电磁搅拌器、单口圆底烧瓶（50mL）、磁子、干燥管、移液器、比色皿、紫外-可见分光光度计、荧光光谱仪。

2. 试剂

7-羟基香豆素、NBD-Cl、二氯甲烷、N,N-二异丙基乙胺、半胱氨酸、乙腈。

五、实验步骤

1. 搭建反应装置（图 28-2）

2. 反应步骤

称取 0.8g 7-羟基香豆素，加入 50mL 单口圆底烧瓶中，加入 15mL 二氯甲烷，加入 1.2mL N,N-二异丙基乙胺，加入搅拌子搅拌，缓慢滴加 1.1g NBD-Cl 的二氯甲烷溶液（10mL），室温搅拌 1h，TLC 监测反应。反应结束后，加入 15mL 蒸馏水，萃取，有机相用 15mL 饱和食盐水洗一次，无水硫酸钠干燥，抽滤，浓缩，柱色谱分离（二氯甲烷为洗脱剂），称重，计算产率。

图 28-2　反应装置

3. 探针与半胱氨酸反应的紫外光谱测试

（1）母液的配制　称取 1.6mg 探针分子，溶解于 1mL 乙腈溶液中，制得浓度为 5mmol/L 的探针母液。称取 157mg 的半胱氨酸盐酸盐，溶解于 2mL 水溶液中，制得浓度为 500mmol/L 的半胱氨酸母液。

（2）探针测试溶液的配制　向 3mL 比色皿中，依次加入 2mL 测试溶液（乙腈/水＝1/1）和 4μL 探针母液，摇匀。

（3）探针与半胱氨酸反应溶液的配制　向 3mL 比色皿中，依次加入 2mL 测试溶液（乙腈/水＝1/1）、4μL 探针母液和 4μL 半胱氨酸母液，摇匀反应 10min。

测试上述溶液的紫外吸收光谱，分析探针分子、香豆素、NBD 巯基中间体以及 NBD 氨基产物的紫外吸收曲线。

4.探针与半胱氨酸反应的荧光光谱测试

分别以香豆素和 NBD 氨基产物的紫外最大吸收波长作为荧光激发波长，测试上述溶液的荧光发射光谱，分析探针分子、香豆素、NBD 巯基中间体以及 NBD 氨基产物的紫外吸收曲线。

六、 数据处理

1.产率＝100％×柱色谱产物质量/理论质量。
2.分析紫外吸收曲线。
3.分析荧光光谱曲线。

七、 注意事项

1.实验用仪器及试剂必须干燥。
2.固体药品称量可采取差减法。
3.萃取时注意收集有机相。
4.浓缩时注意旋转蒸发仪的使用。
5.配制测试溶液时，注意移液枪的使用。
6.光谱测试时，注意仪器的使用。

八、 思考题

1.为什么使用新蒸馏的溶液？
2.薄层色谱和柱色谱时，要注意哪些？
3.荧光光谱测试时为什么要设置激发和发射狭缝宽度？

九、 参考文献

［1］Chao Wei, et al. NBD-based colorimetric and fluorescent turn-on probes for hydrogen sulfide. Org. Biomol. Chem., 2014, 12：479-485.

［2］兰州大学，复旦大学. 有机化学实验. 北京：高等教育出版社，1994.

［3］费学宁，等. 靶向生物荧光探针制备技术. 北京：科学出版社，2013.

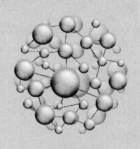

实验 29

基于 8-羟基喹啉衍生物的稀土配合物的制备及发光性能实验

一、 预习要点

1. 8-羟基喹啉席夫碱衍生物的制备原理。
2. 稀土配合物荧光的发光机理。
3. 单晶解析的方法和步骤。

二、 实验目的

1. 熟练掌握 8-羟基喹啉席夫碱衍生物的合成方法。
2. 了解和掌握稀土配合物制备流程。
3. 了解单晶解析和画图中 Shelxtl、Olex2 以及 Diamond 等软件的使用。

三、 实验原理

1. 席夫碱反应机理

Hugo Schiff 在 1864 年首次描述通过等物质的量的醛和胺的缩合反应形成席夫碱，其反应机理是由含羰基的醛、酮类化合物与一级胺类化合物进行亲核加成反应，亲核试剂为胺类化合物，其化合物结构中带有孤电子对的氮原子进攻羰基基团上带有正电荷的碳原子，完成亲核加成反应，形成中间物 α-羟基胺类化合物，然后进一步脱水形成席夫碱。

2. 稀土配合物的荧光发射机理

稀土配合物中稀土离子较强特征光谱的发射需要配体将能量传递给它，这就是所谓的"天线效应"。如图 29-1 所示，有机配体通过天线效应把能量传递给稀土离子，从而发射出稀土离子的特征峰。从配体吸收能量到稀土离子发射特征峰的过程可分为四步：①配体吸收能量，从 S_0 基态激发到 S_1 激发态。②通过系间窜越，能量传递到配体的三重激发态 T_1；此外，一部分能量直接从配体的单重激发态传递到稀土离子的 4f 电子上。③能量从配体的三重态传递到稀土离子的激发共振能级上；另外，稀土离子的 4f 电子通过内转换跃迁到激发共振能级上。④稀土离子通过辐射跃迁回到相应的基态，从而形成特征发射峰。

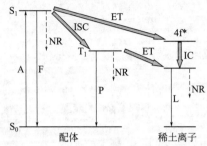

图 29-1 稀土配位聚合物中能量的吸收、传递和发射过程示意

A—吸收能量；F—荧光；P—磷光；L—稀土离子荧光；ISC—系间窜越；ET—能量传递；

IC—内转换；S_0，S_1—单重态；T_1—三重态；普通箭头表示辐射跃迁；虚线箭头表示非辐射跃迁（NR）

导致稀土离子发光的每一个阶段都平行地存在着辐射跃迁和非辐射跃迁两种竞争，其中非辐射跃迁降低了能量转移，阻碍了荧光发射，无疑应尽量减少非辐射跃迁。因此，要得到较强的荧光发射需要满足三个条件：①配体内非辐射跃迁（$S_1 \rightarrow S_0$ 和 $T_1 \rightarrow S_0$）应最小化；②稀土离子共振能级的能量应接近，最好是刚刚低于配体三重态的能量；③稀土离子的非辐射跃迁应最小化。

四、仪器与试剂

1. 仪器

烧杯、滤纸、圆底烧瓶（100mL）、量筒（10mL）、光学显微镜、磁力搅拌器、荧光仪、单晶衍射仪、X 射线衍射仪。

2. 试剂

六氟乙酰丙酮铕，六氟乙酰丙酮铽，甲醇，二氯甲烷，乙腈，5-氨基-8-羟基喹啉，2-噻吩甲醛。

五、实验步骤

1. 8-羟基喹啉席夫碱衍生物 HL 的制备

分别称取等物质的量（0.5mmol）的 5-氨基-8-羟基喹啉和 2-噻吩甲醛加入装有甲醇（20mL）的烧瓶中，于室温下磁力搅拌 3h 后，对生成的产物进行抽滤。最后将抽滤得到的产品用甲醇充分洗涤 3 次，于 60℃下烘干。

2. 稀土配合物的制备

（1）将 0.05mmol 的六氟乙酰丙酮铕和 0.05mmol 的配体 HL 分别加入到装有 10mL 乙腈和 10mL 二氯甲烷混合溶剂的烧瓶中，并在室温下搅拌 2h，然后过滤并将过滤后得到的滤液置于室温下挥发 5d，得到配合物 **1**。

（2）将上述原料中的六氟乙酰丙酮铕替换为六氟乙酰丙酮铽，其他条件不变，在室温下挥发 5d，得到配合物 **2**。

3. 稀土配合物单晶数据的测定

稀土配合物的晶体结构测定都采用 Super Nova X 射线衍射仪，采用经石墨单色器单色化的 Mo $K\alpha$ 射线（$\lambda = 0.71073\text{Å}$，$1\text{Å} = 0.1\text{nm}$）作入射光源，以 ω-φ 扫描方式收集衍射点。所有的计算使用 SHELXS-97 和 SHELXL-97 程序包进行。非氢原子坐标用直接法解出，并对它们的坐标及其各向异性热参数用全矩阵最小二乘法修正。氢原子的位置由理论加氢得到，并使用固定的各向异性热参数加入结构精修。

六、 数据处理

1. 将配合物 **1** 和配合物 **2** 的单晶测试条件、结构解析、修正方法和晶体学数据分别填在表 29-1 中。

表 29-1　稀土配合物 **1** 和 **2** 的晶体学参数

具体参数	配合物 1	配合物 2
分子式		
分子量		
测试温度/K		
晶系		
空间群		
$a/\text{Å}^{①}$		
$b/\text{Å}$		
$c/\text{Å}^3$		
$\alpha/(°)$		
$\beta/(°)$		
$\gamma/(°)$		
密度/(mg/mm³)		
μ/mm^{-1}		
$F(000)$		
$\theta/(°)$		
衍射点收集		
独立衍射点		
基于 F^2 的 GOF 值		
R_1，$wR_2 [I > 2\sigma(I)]$		
R_1，wR_2（所有数据）		

①$1\text{Å} = 0.1\text{nm}$。

2. 基于稀土离子计算配合物 **1** 和配合物 **2** 的实际产率，公式如下所示：

$$\text{实际产率}(\%) = \frac{\text{产物物质的量} \times \text{单位分子中稀土核数}}{\text{投入稀土总物质的量}} \times 100\%$$

3. 使用荧光仪对所制备的配合物 **1** 和配合物 **2** 的固体荧光性能进行测试，记录配合物 **1**

和配合物 **2** 的荧光发射峰的位置与强度。

七、 注意事项

1. 采用室温挥发法制备配合物的过程中，禁止触碰反应液，使其在无干扰的情况下进行反应。

2. 配合物在制备过程中需要控制反应液的挥发速率。

八、 思考题

1. 与传统的无机稀土发光材料相比，稀土配合物的荧光性能有哪些优势？

2. 根据稀土配合物的荧光机理，如何提高稀土配合物的荧光性能？

九、 参考文献

［1］ Zhang Yaxin，Li Meng，Liu Biying，et al. RSC Adv.，2017，7：55523-55535.

［2］ Wang Wenmin，Qiao Wanzhen，Zhang Hongxia，et al. Dalton Trans.，2016，45：8182-8191.

［3］ Wu Zhilei，Ran Yungen，Wua Xueyi，et al. Polyhedron，2017，126：282-286.

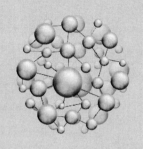

实验 30

铜催化下 β,γ-不饱和烯基腙和
二苯二硫醚的胺硫化反应

一、 预习要点

1.串联环化反应的定义及串联环化反应的分类。
2.自由基反应的一般特点。
3.柱色谱和薄层色谱的基本原理。
4.化合物结构鉴定的基本方法。

二、 实验目的

1.掌握硫化吡唑啉类化合物的合成原理和方法。
2.进一步熟练柱色谱及薄层色谱法等的基本操作。
3.通过 β,γ-不饱和烯基腙和二苯二硫醚的胺硫化反应了解过渡金属催化下自由基类型的非活化烯烃的双官能团化反应。
4.通过实践了解红外光谱法、傅里叶变换离子回旋共振质谱法、核磁共振谱法在有机合成中的应用。

三、 实验原理

有机硫化合物广泛存在于天然产物、生物活性物质和有机材料中。因此，在有机合成领域，人们对 C—S 键构建方法的追求一直很强烈。其中，通过烯烃与硫化试剂的作用，在一步操作中合成多种多样含硫化合物的策略越来越受到化学家的青睐。与其他传统方法相比，这种重要的烯烃硫功能化策略可以在产物上同时引入硫基和另一种有价值的官能团。然而，尽管在药物和农药分子中经常同时出现硫基和氨基，尤其是含硫氮杂环骨架，但是直接实现烯烃胺硫化的实例还很有限。近年来，通过 β,γ-不饱和烯基腙和一个官能团试剂的直接环化/双官能团化策略，来构建功能化吡唑啉衍生物已成为一种新的有力工具。

基于上述研究背景，本次试验将在铜催化下以 β,γ-不饱和烯基腙为底物，二苯二硫醚为硫源，通过自由基途径实现了胺硫化反应，来高效地构建硫化吡唑啉化合物（图 30-1）。该反应的机理如下：首先，**1a** 在二价铜活化下由中间体 **A** 形成烷基铜配合物 **B**，中间体 **B** 均裂后形成自由基中间体 **C** 和一价铜，随后中间体 **C** 与二苯二硫醚 **2a** 反应生成目标产物 **3a**，最后一价铜被 DMSO 氧化为二价铜，从而完成催化循环（图 30-2）。

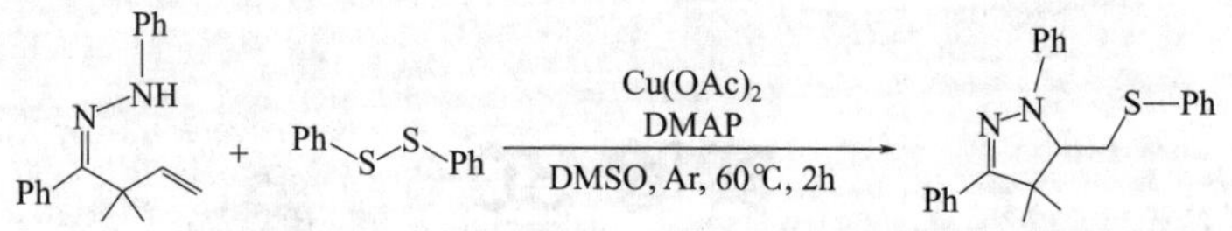

图 30-1　铜催化 β,γ-不饱和烯基腙和二苯二硫醚的胺硫化反应

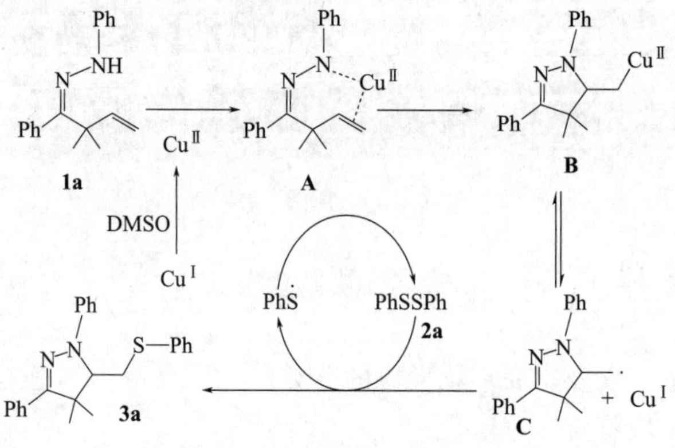

图 30-2　可能的反应机理

四、　仪器与试剂

1. 仪器

红外光谱仪，质谱仪，核磁共振仪，旋转蒸发仪，磁力搅拌器，电子分析天平，10mL 反应瓶，100mL 萃取漏斗，色谱柱，100mL 锥形瓶，色谱瓶。

2. 试剂

苯甲醛，1-溴-3-甲基-2-丁烯，苯肼，二苯二硫醚，$Cu(OAc)_2$，DMSO，石油醚，乙酸乙酯，NaCl，Na_2SO_4，柱色谱硅胶，薄层色谱板，气球。

五、　实验步骤

1. 硫化吡唑啉化合物 3a 的合成

在氩气条件下，将 0.2mmol **1a**、0.15mmol 二苯二硫醚 **2a**、0.1mmol $Cu(OAc)_2$ 和 0.4mmol DMAP 加入 2mL DMSO 中，然后将混合物在 60℃ 下搅拌 2h。通过薄层色谱（TLC）监测反应完成后，将反应混合物冷却至室温并用水稀释，用乙酸乙酯萃取 3 次。合并的有机相再用水、饱和盐水各洗 1 次，接着用无水 Na_2SO_4 干燥，真空浓缩，最后通过柱色谱分离纯化（洗脱剂：乙酸乙酯：石油醚＝1：200，体积比），可以得到硫化吡唑啉 **3a**。

2. 硫化吡唑啉化合物 3a 的分离纯化（柱色谱）

（1）装柱　取 15cm×1.5cm 色谱柱一根，垂直装置，以 25mL 锥形瓶作洗脱液的接收器。取少许脱脂棉放于干净的色谱柱底部，轻轻压紧，在脱脂棉上盖一层厚 0.5cm 的石英砂，关闭活塞，加入石油醚至柱高 3/4 处，打开活塞，控制流出速率为 1 滴/s。通过一个干燥的玻璃漏斗慢慢加入柱色谱用的硅胶粉，用加压泵使填装紧密。当装柱至 8cm 时，再在上面加一层 0.5cm 的石英砂。注意要一直保持石油醚高于石英砂 3～5cm。

（2）上样　将用硅胶粉混合后的粗产物倒入装好的柱子里，同时用木棒轻轻敲击柱身，使填装均匀紧实，整个过程保持液面高于上样后的柱子。

（3）分离　在色谱柱上装上置液漏斗，用 EtOAc/石油醚＝1∶200（体积比）进行洗脱，通过薄层色谱板监测分离情况，将得到的溶液通过旋转蒸发仪浓缩可得纯净产物 **3a**。

3. 硫化吡唑啉化合物 3a 的鉴定

（1）用 KBr 压片法测试产物的红外光谱，指出各个主要吸收特征峰的归属。

（2）以 $CDCl_3$ 为溶剂，测定 NMR 谱图，解析谱图证实产物的结构为硫化吡唑啉化合物 **3a**。

（3）通过 EI 源的质谱仪，测定质谱图，查找分子离子峰以及归属各个碎片峰，进一步证实产物结构。

六、 数据处理

计算硫化吡唑啉化合物 **3a** 的收率。

七、 注意事项

1. 溶剂 DMSO 要进行无水纯化处理。

2. 反应时，要等磁力搅拌器的预设温度平稳后再装上反应瓶。

3. 了解干法上样的规范操作。

八、 思考题

1. 什么叫串联环化反应？试结合本实验讨论一下过渡金属催化下烯烃串联环化反应的条件。

2. 使用柱色谱分离纯化产物时，若柱中留有空气或填装不匀，对分离效果有何影响，如何避免？

3. 测定 NMR 谱图时，为什么要用氘代试剂？

九、 参考文献

[1] 兰州大学化学化工学院. 大学化学实验　基础化学实验 I. 兰州：兰州大学出版社，2004.

[2] 孙建民，单金缓，李志林. 基础化学实验 1　基础知识与技能. 2 版. 北京：化学工业出版社，2014.

[3] 任培星，齐林，方卓越，等. Chin. J. Org. Chem，2019，39：1776-1786.

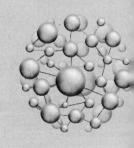

实验 31

电导法测定表面活性剂临界胶束浓度及影响分析实验

一、预习要点

1. 电导法测定表面活性剂临界胶束浓度的实验原理。
2. 温度和无机盐浓度对表面活性剂临界胶束浓度的影响。
3. 实验步骤及仪器使用。

二、实验目的

1. 掌握电导法测定离子型表面活性剂临界胶束浓度的方法。
2. 了解表面活性剂的临界胶束浓度含义。
3. 学会电导率仪的使用方法。

三、实验原理

在表面活性剂溶液中，当表面活性剂的浓度增大到一定值时，表面活性剂离子或分子将会发生缔合，形成胶束。形成胶束所需表面活性剂的最低浓度，称为该表面活性剂的临界胶束浓度（critical micelle concentration，CMC），它可视作是表面活性剂溶液表面活性的一种量度。在临界胶束浓度这个窄小的浓度范围前后，溶液的许多物理化学性质如表面张力、蒸气压、渗透压、电导率、增溶作用、去污能力、光学性质等都会发生很大的变化。只有在表面活性剂的浓度稍高于其临界胶束浓度时，才能充分发挥其作用（润湿、乳化、去污、发泡等）。原则上，表面活性剂溶液随浓度变化的物理化学性质都可用来测定其临界胶束浓度，常用的有如下几种方法：

（1）表面张力法　表面活性剂溶液的表面张力 γ 随其浓度的增大而下降，在 CMC 处出现转折。因此，可通过测定表面张力作 $\gamma\text{-}\lg c$ 图确定其 CMC 值。此法对离子型和非离子型表面活性剂都适用。

（2）电导法　利用离子型表面活性剂水溶液电导率随浓度的变化关系，以电导率（k）

对浓度（c）作图，或者以摩尔电导率 λ_m 对浓度的二次方根作图，由曲线上的转折点求出其 CMC 值（见图 31-1）。此法只适用于离子型表面活性剂。

（3）染料法　利用某些染料的生色有机离子或分子吸附在胶束上，而使其颜色发生明显变化的现象来确定 CMC 值。只要染料合适，此法非常简便。亦可借助于分光光度计测定溶液的吸收光谱来进行确定。此法适用于离子型、非离子型表面活性剂。

（4）增溶作用法　利用表面活性剂溶液对物质的增溶作用随其浓度的变化来确定 CMC 值。

本实验采用电导法，通过测定离子型表面活性剂溶液的电导率来确定 CMC 值。

表面活性剂溶液，较稀时的电导率 k、摩尔电导率 λ_m 随浓度的变化规律和强电解质是一样的，但是，随着溶液中胶束的形成（此后的溶液称为缔合胶体或胶体电解质），电导率和摩尔电导率均发生明显的变化（如图 31-1），这就是电导法确定 CMC 的依据。

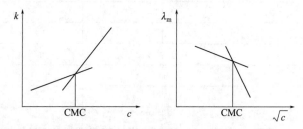

图 31-1　表面活性剂溶液电导率与浓度的关系

四、仪器与试剂

1. 仪器

DDS-11A 型电导率仪，DJS-1 型铂黑电导电极，加热套，移液管，烧杯，电子分析天平。

2. 试剂

十二烷基硫酸钠（分析纯），NaCl（分析纯），电导水。

五、实验步骤

1. 调节电导率仪。

2. 分别配制 500mL 浓度为 0.050mol/L 的十二烷基硫酸钠、0.03mol/L 和 0.11mol/L 的 NaCl 溶液。

3. 分别吸取 0.050mol/L 的十二烷基硫酸钠溶液 10mL、20mL、25mL、30mL、50mL、60mL、65mL、70mL，置于 250mL 容量瓶中，用电导水稀释至刻度，分别配制：0.002mol/L、0.004mol/L、0.005mol/L、0.006mol/L、0.010mol/L、0.012mol/L、0.013mol/L、0.014mol/L 的十二烷基硫酸钠溶液。

4. 取干净干燥的烧杯量取 50mL 上述 0.002mol/L 的十二烷基硫酸钠溶液，加热至 40℃、35℃、30℃、25℃，分别测量并记录不同温度下溶液的电导率 k。

5. 往上述 50mL 十二烷基硫酸钠溶液中加入 10mL 的 0.03mol/L NaCl 溶液，搅拌均匀，测量并记录溶液的电导率 k；继续往溶液中加入 10mL 的 0.11mol/L NaCl 溶液，搅拌均匀，测量并记录溶液的电导率 k。

6. 重复步骤 4 和 5，测定不同实验条件下其他各浓度的十二烷基硫酸钠溶液的电导率。

7. 实验完毕，切断电源。用电导水将电极清洗干净。

六、 数据处理

1. 按表 31-1 列出数据。

表 31-1　电导率测定结果

$c/(\text{mol/L})$	k-40℃ /$(\mu S/cm)$	k-35℃ /$(\mu S/cm)$	k-30℃ /$(\mu S/cm)$	k-25℃ /$(\mu S/cm)$	k-0.005mol/L NaCl, 25℃/$(\mu S/cm)$	k-0.020mol/L NaCl, 25℃/$(\mu S/cm)$
0.002						
0.004						
0.005						
0.006						
0.010						
0.012						
0.013						
0.014						

2. 不同温度和不同 NaCl 浓度条件下，以 k 对 c 作图，两条直线的交点对应的横坐标即为临界胶束浓度 CMC。

七、 注意事项

1. 温度越高，离子的运动速度越大，电导率越大，因此，溶液温度控制要准确。

2. 加入 NaCl 溶液后，一定要搅拌均匀再测量。

3. 配置表面活性剂溶液时，定容之前不能摇动容量瓶，防止出现大量泡沫给定容带来误差，定容后要充分摇匀。

八、 思考题

1. 什么叫溶液的电导、电导率和摩尔电导率？

2. 影响摩尔电导率的因素有哪些？

3. 影响表面活性剂溶液临界胶束浓度的因素有哪些？

九、 参考文献

[1] 马志广，庞秀言. 基础化学实验四. 北京：化学工业出版社，2009：31-33.

[2] 陈玉焕，候安宇，张姝明，等. 电导法测定水溶性表面活性剂 *cmc* 实验的改进. 广

州化工，2016，44（6）：130-132.

　　[3] 许映杰，黄俊杰."电导法测定十二烷基硫酸钠的临界胶束浓度"实验的思考与改进. 广东化工，2016，42（17）：97-98.

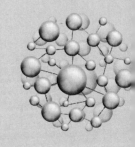

实验 32

荧光光谱法测定溶菌酶淀粉样纤维化动力学过程

一、预习要点

1. 有关蛋白质结构的基本概念。
2. 淀粉样纤维化的概念。
3. 硫黄素 T 的分子结构。
4. 荧光分光光度计的测试原理。

二、实验目的

1. 了解淀粉样纤维化的动力学过程。
2. 掌握荧光分光光度计的使用。
3. 了解淀粉样结构荧光探针分子硫黄素 T 的荧光性质。
4. 掌握使用曲线拟合软件进行数据分析的基本方法。

三、实验原理

淀粉样纤维化系指蛋白质或多肽分子在特定条件下发生聚集而生成纤维状聚集体的过程。就微观形貌而言，淀粉样纤维化过程中形成的聚集体是宽度为纳米级而长度可达微米级的纳米纤维；就分子构型而言，淀粉样纤维化聚集体是由至少两个折叠片层以非共价键形式结合而形成的一个沿纵轴延展的具有所谓 cross-beta 构型的超分子结构。淀粉样纤维化研究是近年来国内外蛋白质科学研究领域的一个前沿和热点。其之所以被广为关注，主要在于淀粉样纤维化与多达四十种威胁人类健康的疾病密切相关。这些疾病包括广为人知的一些疾病，比如阿尔茨海默病、帕金森病、Ⅱ型糖尿病等。

淀粉样纤维化过程具有其独特的动力学特点，其动力学曲线是一个如图 32-1 所示的 Sigmoidal 反曲线形式（简称 S 曲线），该曲线符合方程式（32-1）。该动力学曲线可以分为三个部分，即延迟区、生长区和平台区。其中延迟区的长短与蛋白质种类以及实验条件有关。式（32-1）中，Y 值是测得的荧光强度，x 为反应时间或者叫淀粉样纤维孵育时间，x_0

是达到最大荧光强度一半时的时间，延迟区长度由 $x_0-2\tau$ 确定，$1/\tau$ 为该动力学过程的表观速率常数，y_i、m_i、y_f 和 m_f 为常数。

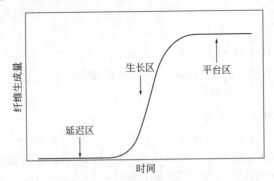

图 32-1　淀粉样纤维化过程的 Sigmoidal 型
动力学曲线（简称 S 曲线）

$$Y=y_i+m_ix+\frac{y_f+m_fx}{1+e^{-\frac{x-x_0}{\tau}}} \tag{32-1}$$

本实验的目的是利用一种对淀粉样纤维敏感的荧光染料作为光谱探针研究溶菌酶蛋白淀粉样纤维化过程的动力学。通过对获得的淀粉样纤维化过程动力学曲线进行拟合，获得相应的动力学参数，从而加深对淀粉样纤维化过程的理解。

硫黄素 T（简称 ThT）是一个能够与淀粉样纤维发生特异性结合的染料分子，其分子式如图 32-2 所示。在自由状态，ThT 的一个二甲基苯并噻唑环与一个二甲氨基苄基环构成两个芳香环可以沿着 C—C 键自由旋转。因此该分子可以被形象地称为分子转子。当 ThT 被激发后会由于该自由转动的存在而导致

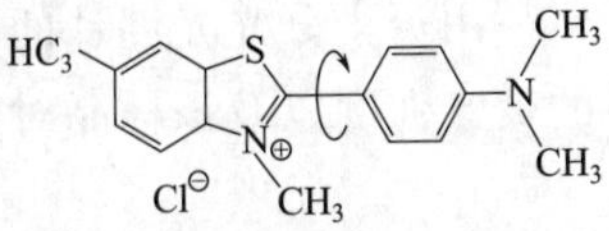

图 32-2　硫黄素 T（ThT）的
分子结构

荧光淬灭。但当 ThT 与淀粉样纤维结合后，芳香环的转动受到了抑制，则会发出荧光。利用该性质，人们便可以实现对淀粉样纤维的检测。一般人们采用 450nm 波长进行荧光激发，然后在 460～500nm 区间记录荧光发射光谱。进行动力学测量时，则记录 486nm 处的荧光发射峰强度随孵育时间的变化情况，从而获得如图 32-1 所示的 S 曲线。

本实验采用从鸡蛋中提取的溶菌酶为模型蛋白，采用文献中提出的盐酸胍诱导的方式制备淀粉样纤维。盐酸胍是一种蛋白变性剂，其可以通过部分变性的方式诱导溶菌酶去折叠暴露出易于发生聚集的多肽片段，进而引发淀粉样纤维化的发生。

四、仪器与试剂

1. 仪器

电子分析天平，带盖玻璃样品瓶（4mL），移液枪（1mL），pH 计，电热磁力搅拌器（带硅油浴），磁子，荧光分光光度计。

2. 试剂

溶菌酶（进口试剂），盐酸胍（分析纯），硫黄素 T（分析纯），去离子水。

五、实验步骤

1. 溶液配制

实验中学生需要自行配置如下溶液：20mmol/L 的磷酸钾缓冲溶液（pH＝6.3）；使用 20mmol/L 的磷酸盐缓冲溶液配制 4mol/L 的盐酸胍溶液；再使用该溶液配制 2mg/mL 的溶菌酶孵育液（内含 20μmol/L 的 ThT）。

2. 淀粉样纤维制备和荧光测试

将上述 2mg/mL 的溶菌酶孵育液取 2mL 置于 4mL 的玻璃瓶中，内置搅拌磁子。旋紧瓶盖。将瓶子置于 50℃硅油浴中进行孵育。每隔一段时间，停止搅拌，将瓶子中的孵育液取出 1mL 置于石英比色皿中测定 ThT 荧光光谱。之后将比色皿中的孵育液重新倒回玻璃瓶中，继续孵育。一共孵育 5h。

ThT 荧光实验采用荧光分光光度计。仪器参数设置为：激发波长 450nm，其激发窄缝为 5nm，发射窄缝为 10nm，发射波长范围为 460~500nm，光电倍增管增益电压为 700V。在 5h 的实验监测时间范围内，每隔 30min 采样一次，一共记录 10 个数据。采样时，对孵育液用移液枪进行取样检测。每次取 1mL 孵育液加入石英比色皿中。将比色皿放入荧光分光光度计的样品架上进行荧光测试，保存荧光光谱。

3. 动力学曲线记录

用荧光分光光度计的程序打开上面保存的每一张荧光光谱，在表 32-1 中登记 486nm 处的荧光强度以及该样品对应的采样时间。

表 32-1　荧光测试结果

时间/min								
荧光强度/a. u.								
时间/min								
荧光强度/a. u.								
时间/min								
荧光强度/a. u.								

六、数据分析

利用软件对表 32-1 中数据按照式（32-1）进行拟合，获取相关动力学参数。这些参数包括：x_0，τ，y_i，m_i，y_f 和 m_f。根据这些参数计算淀粉样纤维化的延迟区长度和表观速率常数。

七、注意事项

1. 注意移液器的正确使用。
2. 注意控温和搅拌速度的控制。

八、 思考题

1. 淀粉样纤维的基本结构是什么?
2. 硫黄素 T 与淀粉样纤维结合后产生荧光增强的机理是什么?

九、 参考文献

［1］F. Chiti，C M. Dobson. Annu. Rev. Biochem. ，2006，75：333-366.

［2］M. R. Sawaya，S. Sambashivan，R. Nelson，M. I. Ivanova，et al. Eisenberg. Nature，2007，447：453-457.

［3］J. D. Harper，P. T. Lansbury，Jr. Annu. Rev. Biochem. ，1997，66：385-407.

［4］L. Nielsen，R. Khurana，A. Coats，S. Frokjaer，J. Brange，S. Vyas，V. N. Uversky，A. L. Fink. Biochemistry，2001，40：6036-6046.

［5］H. LeVine. Methods Enzymol. ，1999，309：274-284.

［6］N. Amdursky，Y. Erez，D. Huppert. Acc. Chem. Res. ，2012，45：1548-1557.

［7］B. A. Vernaglia，J. Huang，E. D. Clark. Biomacromolecules，2004，5：1362-1370.

实验 33

溶液表面张力测定的设计型实验

一、 预习要点

1. 掌握表面张力的形成机理,能够正确判断表面张力的方向。
2. 掌握最大气泡法测定溶液表面张力的测定原理,学会使用测定装置。
3. 熟悉实验内容,了解实验步骤,根据要求做好小组分工,设计好实验记录表格。
4. 掌握正交软件的使用。
5. 观看操作讲解视频。

二、 实验目的

1. 了解不同浓度乙醇溶液在不同温度下的变化趋势。
2. 了解不同浓度氯化钠溶液在不同温度下的变化趋势。
3. 了解正交实验法的原理,学会使用正交软件安排实验、分析实验结果。
4. 培养学生的科研兴趣,锻炼学生的科研协作能力,提高分析问题、写作水平。

三、 实验原理

最大气泡法测定溶液表面张力装置示意见图33-1。

表面张力仪中的毛细管与待测液液面相切时,液面即沿毛细管上升。打开分液漏斗的活塞,使水缓慢下滴而增加系统压力,这样毛细管内液面上受到一个比试管中液面上大的压力,当此压力差在毛细管端面上产生的作用力稍大于毛细管口液体的表面张力（σ）时,气泡就从毛细管口逸出,这一最大压力差可由数字式微压测量仪上读出。其关系式为:

$$p_{最大} = p_{系统} - p_{大气} = \Delta p$$

如果毛细管半径为 r,气泡由毛细管口逸出时受到向下的总压力为 $\pi r^2 p_{最大}$,气泡在毛细管受到的表面张力引起的作用力为 $2\pi r\sigma$。刚发生气泡自毛细管口逸出时,上述压力相等,即:

$$\pi r^2 p_{最大} = \pi r^2 \Delta p = 2\pi r\sigma$$

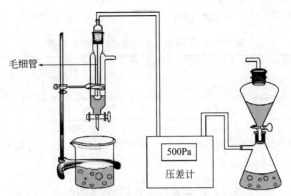

图 33-1　最大气泡法测定溶液表面张力装置示意

$$\sigma = \frac{r}{2}\Delta p$$

若用同一根毛细管，对两种表面张力分别为 σ_1、σ_2 的液体而言，则有下列关系：

$$\sigma_1 = \frac{r}{2}\Delta p_1 \qquad \sigma_2 = \frac{r}{2}\Delta p_2$$

$$\frac{\sigma_1}{\Delta p_1} = \frac{\sigma_2}{\Delta p_2}$$

$$\sigma_1 = \frac{\sigma_2 \Delta p_1}{\Delta p_2} = K \cdot \Delta p_1$$

式中，K 为仪器常数，其单位为 m。因此，以已知表面张力的液体为标准，即可求出其他液体的表面张力，将这种测定表面张力的方法叫做最大气泡压力法。

四、仪器与试剂

1. 仪器
表面张力仪 1 个/组，超级恒温槽 1 个（三组共用），抽气瓶，数显压差计，胶头滴管 2 个/组，50mL 具塞锥形瓶单因素组 6 个、正交组 9 个，烧杯（250mL）1 个/组，洗瓶 5 个，50mL 烧杯 8 个，玻璃棒 1 个/组，电子天平（0.1mg）1 台/组。

2. 试剂
无水乙醇（分析纯），氯化钠（分析纯）。

五、实验步骤

1. 配制溶液
（1）配制系列不同质量分数的乙醇水溶液（50g），见表 33-1。

表 33-1　不同质量分数的乙醇水溶液

质量分数	5%	10%	15%	20%	25%	30%
无水乙醇	2.50	5.00	7.50	10.00	12.50	15.00
水	47.50	45.00	42.50	40.00	37.50	35.00

（2）配制系列不同质量分数的氯化钠水溶液（50g），见表33-2。

表33-2　不同质量分数的氯化钠水溶液

质量分数	5%	10%	12%	15%	18%	20%
氯化钠	2.50	5.00	6.00	7.50	9.00	10.00
水	47.50	45.00	44.00	42.50	41.00	40.00

（3）配置系列不同质量分数的乙醇与氯化钠混合溶液50g，利用正交法，组合9组数据（表33-3）。

表33-3　正交实验中不同溶液的配比

项目	1	2	3	4	5	6	7	8	9
无水乙醇	2.50	5.00	7.50	2.50	5.00	7.50	2.50	5.00	7.50
氯化钠	2.50	5.00	7.50	5.00	7.50	2.50	7.50	2.50	5.00
水	45.00	40.00	35.00	42.50	37.50	40.00	40.00	42.50	37.50
测试温度	室温			（室温＋10）℃			（室温＋20）℃		

2. 测定溶液的表面张力

（1）按图33-1表面张力测定装置所示，连接好仪器。

（2）仪器常数测定

① 样品管内装入蒸馏水，通过液面调节阀，使样品管的液面正好与毛细管端面相切。

② 测定开始时，打开滴液漏斗活塞进行缓慢加压，使气泡从毛细管口逸出，调节气泡逸出速度以5~10s一个为宜，读出压力计的数值，重复读3次，取其平均值。

（3）待测样品表面张力的测定

① 加入适量的样品于样品管中，应用洗耳球打气的办法使用待测样品清洗毛细管，使毛细管中溶液与样品管中的浓度一致。

② 按测定仪器常数时的操作步骤，测定室温下相应各组溶液的压力值。

③ 调节超级恒温槽温度至（室温＋10）℃、（室温＋20）℃，分别测定不同温度下各组溶液的压力值。

（4）实验完成后关闭超级恒温水浴，用蒸馏水洗净仪器，样品管中装好蒸馏水，并将毛细管浸入水中保存。

六、 数据处理

1. 计算各组溶液不同温度下的表面张力 σ。

2. 绘出不同温度下乙醇溶液、氯化钠溶液质量-表面张力曲线图，并加以分析。

3. 通过正交软件分析温度、乙醇、氯化钠的交互作用。

七、 注意事项

1. 仪器系统不能漏气。

2. 毛细管必须干净，保持垂直，其管口刚好与液面相切。每次测量前用待测液洗涤毛细管，保持毛细管与样品管待测液浓度一致。

3.读取压力计的压差时，应取气泡单个逸出时的最大压力差。

4.用洗耳球清洗毛细管时，要打开活塞。

八、思考题

1.表面张力为什么必须在恒温槽中进行测定？温度变化对表面张力有何影响？为什么？

2.哪些因素影响表面张力测定的结果？如何减小以及消除这些因素对实验的影响？

3.为什么要求从毛细管中逸出的气泡必须均匀而间断？如何控制出泡速度？

九、参考文献

[1] 东北师范大学，等校.物理化学实验.2版.北京：高等教育出版社，1989：143-150.

[2] 淮阴师范学院化学系.物理化学实验.2版.北京：高等教育出版社，2003：118-125.

[3] 印永嘉，等.物理化学简明教程.3版.北京：高等教育出版社，1992.

[4] 马志广，等.物性参数与测定.2版.北京：化学工业出版社，2017.

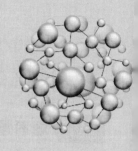

实验 34

绿色环保理念下的燃烧热测定实验

一、预习要点

1. 氧弹法测定燃烧热的原理。
2. 固体酒精的制备方法及其原理。
3. 实验步骤及仪器使用。

二、实验目的

1. 掌握测定等容燃烧热的实验技术。
2. 掌握固体酒精的制备原理及其方法。
3. 巩固化学热力学基本概念和理论知识。

三、实验原理

物质的燃烧热是指一定压力下 1mmol 物质完全燃烧时的热效应，是化学热力学中的一个重要数据，许多不能或不易直接测定的化学反应的热效应，可通过盖斯定律间接计算出来。

测定燃烧热的装置为氧弹式量热计，如图 34-1 所示。在燃烧热测定中应使体系与外界绝热，尽量减少体系和环境之间的热交换。把量热计中的氧弹（结构如图 34-2 所示）置于内筒 4 中，一并作为实验的体系，与外界环境以空气层绝热。为了减少热辐射和控制环境恒温，外筒 1 为双层夹套，内装与室温相近的水。为使体系温度很快达到均匀，还装有搅拌器 6，为了防止通过搅拌传导热量，金属棒上由绝缘热良好的胶木棒与马达相连，用精密温度计 7 测量温度的变化，由控制器引燃电极点火。

一定量的物质在氧弹中完全燃烧放出的等容热：

$$Q_v = C_v \Delta T \tag{34-1}$$

式中，C_V 为体系等容热容，J/K；ΔT 为体系的温度升高值，K；Q_v 为等容热，J。

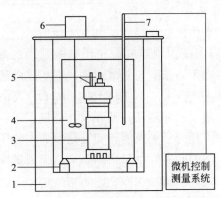

图 34-1　氧弹量热计示意图

1—外筒；2—绝热定位圈；3—氧弹；4—内桶；
5—电极；6—内桶搅拌器；7—精密温度计

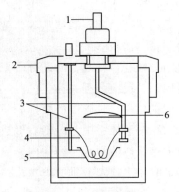

图 34-2　氧弹的构造

1—氧弹头（既是充气头，又是放气头）；2—氧弹盖；
3—电极；4—引火丝；5—燃烧杯；6—燃烧挡板

通常所用的燃烧热数据为等压燃烧热 Q_p。把气体近似成理想气体时，等压热和等容热的关系为：

$$Q_p = Q_V + RT\Delta n(g) \tag{34-2}$$

式中，Δn 为反应前后气体物质物质的量变化值，mol；T 为反应温度，K；R 是常数。

根据热力学第一定律，在不做非膨胀功的封闭系统中 $Q_V = \Delta U$，$Q_p = \Delta H$。于是：

$$\Delta H = \Delta U + RT\Delta n(g) \tag{34-3}$$

当反应进度为 1mol 时，可导出反应的摩尔燃烧焓变 $\Delta_r H_m$ 与摩尔热力学能变化 $\Delta_r U_m$ 之间的关系：

$$\Delta_r H_m = \Delta_r U_m + \sum \nu_B RT \tag{34-4}$$

式中，$\sum \nu_B$ 为反应式中气体物质计量系数之和（规定计量系数对反应物取负值，对产物取正值）。

举例，在室温下对蔗糖的燃烧反应：$C_{12}H_{22}O_{11}(s) + 12O_2(g) \longrightarrow 12CO_2(g) + 11H_2O$ (l)，$\sum \nu_B = 0$。对该反应，由于 $\Delta_r H_m = \Delta_c H_m$，$\Delta_r U_m = \Delta_c U_m$，所以：

$$\Delta_c H_m = \Delta_c U_m + \sum \nu_B RT \tag{34-5}$$

将 $\Delta_c U_m = \dfrac{\Delta U}{n} = \dfrac{Q_V}{n}$ 和 $n = \dfrac{W}{M}$ 代入式（34-5），得到摩尔燃烧焓（$\Delta_c H_m$）：

$$\Delta_c H_m = \frac{Q_V M}{W} + \sum \nu_B RT \tag{34-6}$$

式中，M 和 W 分别为样品的摩尔质量和质量。对蔗糖，$M = 342.3\text{g/mol}$。

可见，在温度 T 时测定出 W 质量的有机物燃烧时的等容热 Q_V，利用反应式求出 $\sum \nu_B$，即可求得该物质的摩尔燃烧焓。

本实验测定蔗糖的摩尔燃烧焓，蔗糖燃烧时的等容热 Q_V 可利用氧弹式量热计测定。

首先用标准物苯甲酸标定体系的等容热容 C_V。方法是称量一定量的苯甲酸在氧弹中完全燃烧，放出的热使系统（包括内桶、氧弹、测温器件、搅拌器和水等）温度升高，测定出温度升高值 ΔT。根据所取苯甲酸质量和点火丝质量（已知苯甲酸和点火丝燃烧时的等容热分别为 26434.3J/g 和 6688J/g），并忽略引火棉线燃烧及 N_2 生成硝酸时放出的热，可计算出在燃烧过程中总的等容热，利用式（34-1）可计算出体系的等容热容 C_V。然后称取一定质量的待测物蔗糖进行燃烧，测定体系温度的升高值 ΔT，根据式（34-3）计算蔗糖的等容

燃烧热 Q_V。再根据反应式，利用式（34-6）即可求得蔗糖的摩尔燃烧焓。

固体酒精制备原理：酒精从液体变成固体，是一个物理变化过程，其化学性质不变。固体酒精的制备方法很多，这些方法的差别主要在于所用凝固剂不同，比如醋酸钙、硝化纤维、高级脂肪酸、自行制备的高分子聚合物等。本文选用硬脂酸与氢氧化钠反应生成的硬脂酸钠作凝固剂，反应方程式为：$C_{17}H_{35}COOH + NaOH \xrightarrow{\quad} C_{17}H_{35}COONa + H_2O$，反应生成的硬脂酸钠是一个长碳链的极性分子，在室温下不溶于乙醇溶液，而在较高的温度下可以均匀地分散在溶液体系中，冷却后形成凝胶体系，使酒精分子被束缚于相互连接的大分子之间，形成固体状态的酒精。因为固体酒精不是纯物质，因此实验中只得到不同乙醇含量固体酒精的 Q_V 值并比较大小即可。

四、仪器与试剂

1. 仪器

燃烧热测定装置一套，压片机，电子分析天平。

2. 试剂

氧气（普通），苯甲酸（AR），蔗糖（AR），溶液表面张力的测定产生乙醇废液。

五、实验步骤

1. 苯甲酸等容热容测定

（1）粗称 0.5g 苯甲酸后将其用压片机压片。用电子分析天平分别准确称量苯甲酸压片和点火丝（细铁丝）的质量。

（2）拧开氧弹盖，将两个电极擦净，并将点火丝两端分别紧密固定在两个电极上，在点火丝上系上一小段棉线，将棉线放进样品锅，并把制成的样品压片放在棉线上面。拧紧氧弹盖。

（3）打开氧气钢瓶，通过氧弹进气阀充气至约 20 个大气压。

（4）将氧弹放入量热计内桶中，放下桶盖。

（5）打开计算机。打开燃烧热测试软件进行参数设定：首先用鼠标点击"设备1"，然后点击"打开串口"，参数设定窗口中的"点火热"指点火丝燃烧放出的热量，按点火丝质量×1600×4.18 计算得到；"添加物热"指棉线燃烧放出的热量，可以忽略不计。"标准热值"输入 26434.3（是指苯甲酸的发热量，J/g），输入样品压片的质量（g）。上水时间输入 30s（保持不变）。设定好参数后点击"确定"，最后再点击燃烧热测定程序的"热容量测试"，开始实验。

（6）仪器先向量热计的内桶泵入水 30s，然后自动进行点火测量，测量完毕给出体系的恒容热容（J/K），记录该值。

（7）取出氧弹，先用放气阀放气，放完气后即可打开氧弹。

2. 蔗糖等容燃烧热测定

称约 0.8g 蔗糖，压片后用电子分析天平准确称重，并且再称一根点火丝的质量。将样品换为蔗糖，重复上述（2）～（7）步骤。注意在参数设定中不需要输入"标准热值"，而需要输入"系统热容"（取两次测定出的体系热容的平均值），并点击程序左上角的"发热量测试"开始实验，测量完毕软件自动计算出每克蔗糖燃烧的等容热 Q_V/W（单位是 J/g）。

3. 固体酒精制备

将"溶液表面张力的测定"实验结束后产生的 50％、70％、90％不同体积百分比的乙醇水溶液准备好。用量筒取乙醇溶液 25mL，将其分为等量的 2 份，一份与 0.25g 的氢氧化钠混合，加热溶解备用；另一份与 1.63g 硬脂酸混合，加热至硬脂酸完全溶解；在搅拌情况下，将溶有氢氧化钠的乙醇溶液滴加到硬脂酸溶液中，控制反应温度在 60～70℃之间，冷却后即得固体酒精。

4. 固体酒精等容燃烧热测定

称约 1g 固体酒精，压片后用电子分析天平准确称重，并且再称一根点火丝的质量。将样品换为固体酒精，重复上述（2）～（7）步骤。注意在参数设定中不需要输入"标准热值"，而需要输入"系统热容"（取两次测定出的体系热容的平均值），并点击程序左上角的"发热量测试"开始实验，测量完毕软件自动计算出每克固体酒精燃烧的等容热 Q_V/W（单位是 J/g）。

实验完成后，记录结果。关闭仪器电源，并清理氧弹。

六、 数据处理

1. 按表 34-1 和表 34-2 列出数据。

表 34-1　标准物燃烧

苯甲酸燃烧		
铁丝质量/g	样品质量/g	热容 C_V/（J/K）

表 34-2　样品燃烧

样品	铁丝质量/g	样品质量/g	燃烧热/（J/g）
蔗糖燃烧			
50％固体酒精燃烧			
70％固体酒精燃烧			
90％固体酒精燃烧			

2. 由反应方程式和测定出的 Q_V/W 值，计算蔗糖的摩尔燃烧焓 $\Delta_c H_m$，设温度为室温。

七、 注意事项

1. 实验室不准用明火，不准将酒精带走。

2. 操作氧气钢瓶时开关气门阀要慢慢地操作，切不可过急或强行用力拧开。

3. 点火丝上的棉线与样品要接触良好。

八、 思考题

1. 实验中使用标准物苯甲酸的目的是什么？

2. 实验中不是用无水乙醇制成的固体酒精，可以用什么方法得到乙醇的摩尔燃烧焓变？

九、 参考文献

[1] 马志广，庞秀言. 基础化学实验四 [M]. 北京：化学工业出版社，2009：31-33.

[2] 贾长英，等. 固体酒精的制备工艺研究 [J]. 化工技术与开发，2006，12（35）：36-38.

[3] 刘弋潞，等. 基于绿色低碳的物理化学实验教学改革 [J]. 实验室研究与探索，2011，8（30）：345-348.

[4] 张红，等. 融入绿色环保理念的物理化学实验综合设计 [J]. 实验技术与管理，2018，6（35）：54-57.

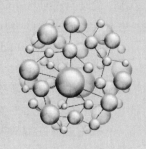

实验 35

固体废弃物制备活性炭及其吸附性能测定

一、 预习要点

各小组学生根据自己所选碳源，检索查阅相关中英文文献，找到相同或相似制备活性炭方法，编写实验预习报告，报告内容包括：制备条件、实验试剂及仪器、详细的实验操作步骤、可能遇到的问题及应对措施。

二、 实验目的

1.掌握生活固体废弃物（坚果壳、剩饭、水果皮、农作物秸秆、树叶等）炭化的基本原理；学习活性炭制备方法，掌握化学活化法制备活性炭。

2.掌握单因素实验法，了解烧制条件对活性炭形貌及吸附性能的影响；学习马弗炉、红外光谱仪、紫外-可见分光光度计的工作原理及操作技能，了解 BET 和 SEM 的工作原理及制样方法。

3.掌握中外文献查阅方法，培养学生发现问题、分析问题、解决问题以及思考问题的能力；体现实验教学理论联系实践的优势，培养学生的动手能力和团队配合能力；激发学生的自主学习好奇心，了解科研发展方向，提高科研创新思维，培养科研创新型人才。

三、 实验原理

1.生活固体废弃物中含碳量高，是制备活性炭的良好原料；磷酸是中强酸，具有脱水性、阻燃性，同时阻止含碳挥发物形成。磷酸进入原料的内部，无机物生成磷酸盐，具有润涨的作用，增大炭微晶的距离，生物碳被磷酸固定后，高温下形成微孔结构，通过洗涤除去磷酸盐，可以得到发达的孔结构，生成活性炭。其他活化剂具备相似的作用，形成多微孔状高吸附性活性炭。

2.活性炭吸附就是利用活性炭的固体表面对水中一种或多种物质的吸附作用，达到净化水质的目的。活性炭的吸附作用产生于两个方面：一是由于活性炭内部分子在各方面受着同等大小的力而在表面的分子受着不平衡的力，这就使其他分子吸附于表面上，此为物理吸附；另一个是由于活性炭与被吸附物质之间的化学作用，此为化学吸附。活性炭的吸附是上述两种吸附综合作用的结果。当活性炭在溶液中的吸附速度和解吸速度相等时，即单位时间内活性炭的吸附数量等于解吸数量时，被吸附物质在溶液中的浓度和在活性炭表面的浓度均不再变化而达到了平衡，此时的动态平衡称为活性炭吸附平衡，而此（吸附达到平衡）时被吸附物质在溶液中的浓度称为平衡浓度。

四、仪器与试剂

1. 仪器

马弗炉、微波炉、粉碎机、紫外-可见分光光度计、恒温振荡器、电热鼓风干燥箱、扫描电子显微镜、傅里叶变换红外光谱仪、全自动比表面及微孔物理吸附分析仪。

2. 试剂

固体废弃物（坚果壳、剩饭、水果皮、农作物秸秆、树叶等），学生自备；氯化锌、氢氧化钾、磷酸、碘、碘化钾、硫代硫酸钠、可溶性淀粉、重铬酸钾、结晶紫、亚甲基蓝、碳酸钠、碳酸钾等，均为分析纯；浓盐酸和浓硫酸，分析纯。

五、实验步骤

1. 活性炭制备

（1）碳源预处理　如表 35-1 所示，例如实验序号 1，将所选碳源剩米饭根据实验设计方案用蒸馏水洗涤 3 次，置于培养皿中，放入 110℃ 真空干燥箱烘烤 4h。待冷却后，用粉碎机粉碎，用 20 目不锈钢筛网过滤收集，置于干燥器中保存。

（2）前驱体浸渍　依据实验序号 1 设计方案，称取 3 份，每份 10g 粉碎过滤后的剩米饭，按照剩米饭：浓磷酸＝1：2.5（质量比）量取 45% 的浓磷酸，将两者置入茄形瓶，在磁力搅拌机上慢速搅拌 12h。搅拌结束后，抽滤，真空干燥箱干燥 4h，冷却后收集放入干燥器，待烧制。

（3）活性炭烧制　坩埚中加入定量浸渍后前驱体，放入马弗炉内，设置 30min 升温到特定温度，并保持相应的活化时间。活化结束后得到固体样品，待其降到室温后，用 0.1mol/L 氢氧化钠溶液充分洗涤，再用蒸馏水洗涤至中性，然后将洗涤好的样品放入真空干燥箱干燥，冷却过筛（100 目）后存于干燥器中，即得到剩米饭作为碳源制备的活性炭。

（4）其他碳源　菠萝皮、松子壳、一次性筷子、芒果核等其他碳源制备活性炭均是依照上述三步进行，只是根据不同实验设计方案，所选择的活化剂类型、活化剂浓度、浸渍比、浸渍时间、活化时间和烧制温度不同。

2. 活性炭表征

（1）红外光谱表征　采用 FT-IR8400 型傅里叶变换红外光谱仪扫描背景，溴化钾薄膜片为空白样。称取 0.01g 活性炭粉末、0.2g 溴化钾（活性炭粉末与溴化钾晶体质量比为 1：20），将两者充分混合研磨后加入压模器，在液压机上压制成薄膜片，放入 FT-IR8400 型傅里叶变换红外光谱仪中，在 $500 \sim 4000 cm^{-1}$ 扫描，得到红外谱图。

（2）孔结构表征　在 77.3K 下，通过 N_2 吸附/解吸附（Micromeritics，ASAP 2020M）测定。

（3）扫描电子显微镜表征　将活性炭粉末置于黑色导电胶上，在扫描电子显微镜（Hitachi，S-3400N）上进行表征分析，观察形貌。

3. 活性炭吸附性能测试

（1）绘制标线　分别取 20mg/L 的亚甲基蓝 0.00mL、1.00mL、3.00mL、5.00mL、7.00mL、9.00mL 于 25mL 比色管中，用蒸馏水定容至刻度线，蒸馏水作为参比，用石英比色皿在 565nm 处测吸光度值。绘制吸光度与亚甲基蓝浓度（mg/L）的关系曲线，即标准曲线。

（2）吸附脱色　称取样品 0.1g（精确到 0.001g）于 250mL 三角瓶中，加入 25mg/L 亚甲基蓝试液 100mL，于恒温振荡机上（25℃，110r/min）振荡 30min，过滤（此组实验平行做 5 个）。

（3）测定　收集滤液，在分光光度计上于 565nm 处测吸光度值，根据标准曲线上获得亚甲基蓝的剩余浓度来计算吸附容量。

表 35-1　各实验关键点整合表

序号	碳源	活化剂	浸渍比	浸渍时间/h	活化时间/h	烧制温度/℃	吸附剂	实验人员
1	剩米饭	45%磷酸	1:2.5	12	1	700	亚甲基蓝	1组 A 1组 B
		45%磷酸	1:2.5	12	2	700	亚甲基蓝	
		45%磷酸	1:2.5	12	4	700	亚甲基蓝	
2	菠萝皮	50%磷酸	1:2.5	12	2	600	亚甲基蓝	2组 A 2组 B
		50%磷酸	1:2.5	12	2	700	亚甲基蓝	
		50%磷酸	1:2.5	12	2	800	亚甲基蓝	
3	松子壳	65%磷酸	1:2.5	12	2	800	亚甲基蓝	3组 A 3组 B
		氯化锌	1:2.5	12	2	800	亚甲基蓝	
		氢氧化钾	1:2.5	12	2	800	亚甲基蓝	
4	一次性筷子	45%磷酸	1:3	12	2	700	亚甲基蓝	4组 A 4组 B
		45%磷酸	1:2	12	2	700	亚甲基蓝	
		45%磷酸	1:1	12	2	700	亚甲基蓝	
5	芒果核	氯化锌	1:2.5	12	2	700	亚甲基蓝	5组 A 5组 B
		氯化锌	1:2.5	24	2	700	亚甲基蓝	
		氯化锌	1:2.5	36	2	700	亚甲基蓝	
6	馒头	65%磷酸	1:2.5	12	2	800	亚甲基蓝	6组 A 6组 B
		氯化锌	1:2.5	24	2	800	亚甲基蓝	
		氢氧化钾	1:2.5	36	2	800	亚甲基蓝	

六、数据处理

吸附量计算，吸附容量是指在一定温度和压力下，用活性炭吸附溶液中的溶质，单位重量的活性炭吸附溶质的数量。按下式计算：

$$q = \frac{V(c_0 - c_e)}{m} = \frac{x}{m}$$

式中，q 为吸附容量，mg/g；V 为溶液体积，L；c_0 为亚甲基蓝溶液初始浓度，mg/L；c_e 为吸附平衡浓度，即剩余浓度，mg/L；m 为吸附剂用量，g；x 为被吸附的溶质的质量，g。

七、 注意事项

浸泡时要每隔1～2h搅拌一次，坩埚、物料要事先烘干，坩埚放入马弗炉或取出时均要注意温差引起的炸裂。

八、 思考题

1.磷酸、氯化锌和氢氧化钾的作用是什么？它们有什么不同？
2.浸渍前驱体为什么要搅拌？
3.红外KBr压片时，样品量和KBr的质量比应为多少？
4.孔结构测试时，氮气的作用是什么？
5.吸附量的大小和活性炭孔结构有无关联，为什么？

九、 参考文献

［1］ Li Y，Zhang X，Yang R，et al. The role of H_3PO_4 in the preparation of activated carbon from Na OH-treated rice husk residue ［J］. RSC Advances，2015，5（41）：32626-32636.

［2］ Zhu G，Deng X，Hou M，et al. Comparative study on characterization and adsorption properties of activated carbons by phosphoric acid activation from corncob and its acid and alkaline hydrolysis residues ［J］. Fuel Processing Technology，2016，144：255-261.

［3］ 郭昊，邓先伦，朱光真，等. 磷酸活化制备高吸附性能活性炭的研究 ［J］. 林产化学与工业，2013，33（6）：55-58.

［4］ 史蕊，李依丽，尹晶，等. 玉米秸秆活性炭的制备及其吸附动力学研究 ［J］. 环境工程学报，2014，8（8）：3428-3432.

［5］ 陈英，张文庆. 葵花籽壳生物质活性炭的制备及其吸附研究 ［J］. 绵阳师范学院学报，2015，34（8）：67-72.

［6］ Hadoun H，Sadaoui Z，Souami N，et al. Characterization of mesoporous carbon prepared from date stems by H_3PO_4 chemical activation ［J］. Applied Surface Science，2013，280（41）：1-7.

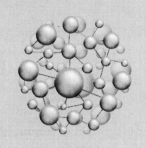

实验 36

香豆素-苯并噻唑荧光探针的设计、合成及
对亚硫酸氢根的检测

一、预习要点

1. 香豆素衍生物荧光探针的研究进展、合成方法。
2. 缩合、成环、卤化、氧化等经典有机反应机理。
3. 紫外-可见分光光度计和荧光光谱仪等仪器的操作。
4. 荧光探针合成方法和表征手段。

二、实验目的

1. 通过文献检索，学会中外数据库的使用，了解香豆素衍生物荧光探针的研究进展、合成方法以及应用前景。

2. 掌握加热、过滤、重结晶、萃取、柱色谱等基础的合成实验方法操作和技能；掌握缩合、成环、卤化、氧化等经典有机反应，并能进行一些简单的探针设计。

3. 熟练磁力搅拌器、旋转蒸发仪、紫外-可见分光光度计和荧光光谱仪等仪器的操作；了解核磁共振仪和质谱仪的检测原理；学会核磁、质谱、紫外和荧光等仪器的使用及 Origin 等数据处理和图谱分析方法。

4. 培养学生独立分析和解决问题的能力，提高学生的科研创新能力。

三、实验设计思路

香豆素是一类常见的荧光染料，合成方法简便，荧光团易于修饰，波长范围易于拓展，量子产率高，已广泛应用于荧光探针领域。在前期工作的基础上，利用8-羟基久洛尼定和苯并噻唑的刚性平面结构增强了香豆素的荧光母体探针的平面性，设计了一种新的香豆素-苯并噻唑荧光探针，并以此开展本科生研究与创新实验。整个实验过程如下：①通过 4 步有机合成反应制备探针分子，合成路线如图 36-1 所示。四个不同反应涉及有机反应中的不同化学反应，学生可利用已掌握的知识或是查阅文献的方式了解其反应机理，利用 SciFinder 查找反应路线，不同组的同学尝试不同的反应路线，最后对比了解最佳方式。②对探针分子进行分离、纯化与表征。③对探针分子的紫外和荧光光谱性质进行分析探讨。整个实验过程中，学生不仅学习巩固了有机化学和波谱学理论知识，学会了抽滤、萃取和硅胶色谱柱等有机化学基本操作，还掌握了仪器分析化学中的紫外-可见分光光度计和荧光光谱仪等仪器的使用及 Origin 等数据处理方法。另外，此实验还可以通过探针溶液前后颜色变化，把实验现象和光谱的理论知识结合起来，让学生更直观地观察到实验现象变化，提高教学效果，有利于激发学生学习科研的兴趣，提高科研创新能力。

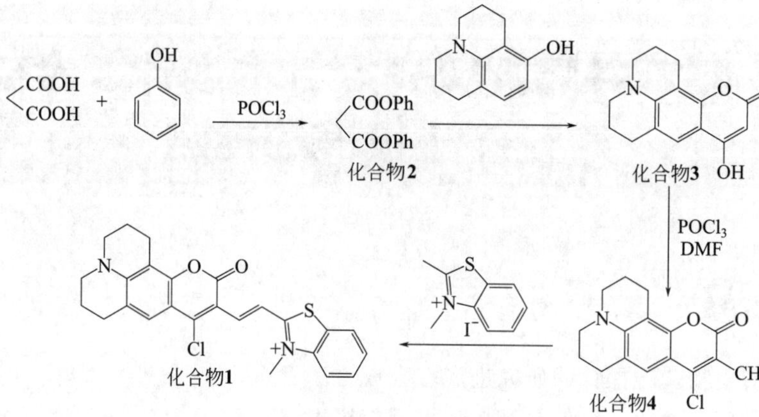

图 36-1　制备探针分子的合成路线

四、仪器与试剂

1. 仪器

茄形瓶、磁力搅拌器、油浴盆、层色谱、蛇形冷凝器、锥形瓶、电子分析天平、循环水真空泵、旋转蒸发仪、核磁共振仪（AVANCE Ⅲ型，瑞士布鲁克）、紫外-可见分光光度计（Cary 60 型，美国安捷伦）、荧光光谱仪（Cary Eclipse 型，美国安捷伦）。

2. 试剂

苯酚、丙二酸、三氯氧磷、哌啶、甲苯、8-羟基久洛尼定、正己烷、氢氧化钠、N,N-二甲基甲酰胺（DMF）、氯化钠、乙腈、无水乙醇、苯并噻唑盐、无水硫酸钠、石油醚、乙酸乙酯、甲醇、氯仿、二甲基亚砜（DMSO）、丙酮、不同阴离子溶液、还原型谷胱甘肽（GSH）、高半胱氨酸（Hcy）、半胱氨酸（Cys）。

五、实验步骤

1. 化合物 2 的合成

在 150mL 圆底烧瓶中加入苯酚（10.6mmol，1.00g）和丙二酸（5.3mmol，0.55g），接着向其中慢慢加入 $POCl_3$（6.15mmol，0.58mL）在 0℃下搅拌 30min，慢慢将混合物加热至 120℃，直至没有 HCl 气体生成后，将混合物冷却至室温，将反应物倒入 100mL 水中，用乙酸乙酯萃取 3 次，收集有机相，加入无水硫酸钠干燥后浓缩得到白色固体化合物 2。

2. 化合物 3 的合成

将化合物 2（4mmol，1.02g）置于 100mL 圆底烧瓶中，加入甲苯（10mL）溶解，接着加入 8-羟基久洛尼定（4mmol，0.75g），在 110℃下搅拌回流 10h，冷却至室温，过滤，正己烷洗涤多次得到化合物 3。

3. 化合物 4 的合成

在 N_2 保护下，将 $POCl_3$（3mL）慢慢滴加到无水 DMF（3mL）中，室温搅拌 30min，得到红色液体。将红色溶液逐滴加入到化合物 3（3.5mmol，0.90g）的 DMF（5mL）溶液中，60℃下搅拌 10h 后，将反应液倒入 50mL 水中，用 30% NaOH 溶液调节使 pH＝5，有大量红色沉淀产生，过滤，将粗产品用柱色谱分离提纯（石油醚：乙酸乙酯＝1：1）得到红色固体化合物 4。

4. 探针的合成

将化合物 4（1.0mmol，0.30g）和苯并噻唑盐（1.1mmol，0.31mg）用无水乙醇（25mL）溶解，加热回流搅拌 12h，将反应液冷却至室温、抽滤，固体用无水乙醇充分洗涤，得到探针化合物 1。

5. 分析表征

核磁共振仪确定探针分子结构。1H NMR（600MHz，DMSO-d6）：$\delta 8.33$（d，$J＝7.8Hz$，1H），8.17～8.23（m，2H），8.03（d，$J＝15.0Hz$，1H），7.82（t，$J＝15.6Hz$，1H），7.73（t，$J＝15.0Hz$，1H），7.41（s，1H），4.18（s，3H），3.42（d，$J＝5.4Hz$，4H），3.72～3.77（m，4H），1.88～1.91（m，4H）。13C NMR（150MHz，DMSO-d6）：$\delta 157.9$，151.1，149.9，149.8，146.7，142.1，139.9，129.3，128.1，127.4，124.2，124.1，121.6，116.5，112.9，107.9，107.1，104.9，50.0，49.4，35.9，26.8，20.3，19.5，19.3。

六、结果与讨论

1. 紫外-可见吸收光谱分析

为验证探针分子针对 HSO_3^- 选择性，选择常见的阴离子和生物小分子硫醇，利用紫外吸收光谱进行了分析研究。在 DMF-PBS（$v/v＝1/10$，PBS，10mmol/L，pH7.4）缓冲溶液中，探针分子（$10\mu mol/L$）在 584nm 处有最大吸收峰出现，当向体系中加入 HSO_3^- 溶液后，584nm 处吸收峰降低，紫外-可见光谱中 427nm 处有强的吸收峰出现，并在 470nm 处有等吸收点出现，溶液颜色由紫色变为黄色。而其他阴离子和生物小分子，例如 F^-、Cl^-、Br^-、I^-、NO_3^-、AcO^-、SCN^-、SO_4^{2-}、HS^-、$S_2O_3^{2-}$、Cys、Hcy 以及 GSH 与探针分子相互作用，并未引起紫外吸收发生明显变化，溶液颜色也未发生变化。结果表明，探针对 HSO_3^- 有好的识别性能，其他离子不会对其检测造成干扰。

2. 荧光光谱分析

在 DMF-PBS（$v/v＝1/10$，PBS，10mmol/L，pH7.4）缓冲溶液中，利用荧光光谱分析了探针分子对上述分析物的识别性能。选择等吸收点 470nm 为激发波长，荧光探针在 665nm 处有强的发射波长，当加入 HSO_3^- 时，762nm 处荧光减弱，556nm 有强的荧光发射出现，溶液的荧光颜色由紫红色变为绿色，其他分析物并未发生明显变化，结果表明，荧光

探针对 HSO_3^- 识别有高选择性。

探针分子荧光强度与 HSO_3^- 的浓度之间的关系，在 DMF-PBS（$v/v=1/10$，PBS，10mmol/L，pH7.4）缓冲溶液中，进行了 HSO_3^- 的荧光滴定实验。可以看出，随着 HSO_3^- 浓度的增加，探针分子在 665nm 处的荧光逐渐减弱，556nm 处的荧光逐渐增强，当 HSO_3^- 浓度达到探针的 5 倍时，荧光强度基本不变。从中得出，HSO_3^- 浓度在 $0\sim40\mu mol/L$ 范围内，与 I665nm/I556nm 呈线性关系，相关系数为 0.99834，HSO_3^- 的检出限为（S/N=3）$7.12\times10^{-7}mol/L$。

荧光光谱研究 pH 对探针分子识别性能的影响。探针分子在 pH3~11 范围内，I665nm/I556nm 没有明显变化，说明探针分子有良好的耐酸碱性，比较稳定，随着 HSO_3^- 的加入，发现 I665nm/I556nm 在 pH6~11 范围内未发生明显变化，表明探针分子在较宽的 pH 范围内，可实现对范围内的识别检测。

七、 注意事项

1. 反应过程中慢慢加入 $POCl_3$。
2. 各种小分子和离子标液，现用现配，放置于冰箱中不能超过 1 个月。

八、 思考题

1. 不同检测体系对检测结果的影响如何，为何？
2. 荧光探针检测方法与常规检测方法相比有哪些优点？
3. 如何用本方法检测大气中的二氧化硫？

九、 参考文献

［1］Yang Yutao，Bai Bozan，Xu Wenzhi，et al. A highly sensitive fluorescent probe for the detection of bisulfite ion and its application in living cells ［J］. Dyes and Pigments，2017，136（1）：830-835.

［2］Yang Yutao，Huo Fangjun，Zhang Jingjing，et al. A novel coumarin-based fluorescent probe for selective detection of bisulfite anions in water and sugar samples ［J］. Sensors and Actuators B，2012，166-167（5）：665-670.

［3］Yang Xueli，Yang Yutao，Zhou Tingting，et al. A mitochondria-targeted ratiometric fluorescent probe for detection of SO_2 derivatives in living cells and in vivo ［J］. Journal of Photochemistry & Photobiology A：Chemistry，2019，372（1）：212-217.

［4］Jin Ming，Wei lihong，Yang Yutao，et al. A new turn-on fluorescent probe for the detection of palladium（0）and its application in living cells and zebrafish ［J］. New J. Chem.，2019，43（2）：548-551.

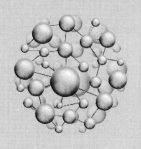

实验 37

精馏塔分离能力评比与条件优化

一、预习要点

1. 影响连续精馏分离能力的主要因素有哪些？
2. 评价填料柱分离能力的指标有哪些？如何评价？
3. 评价不同类型填料柱分离能力时，如何保证测定结果的可比性？
4. 如何判断某一操作条件下的精馏分离过程达到了平衡状态？
5. 什么是回流比，实验中回流比控制的原理是什么？
6. 取出样品冷却过程如何减少挥发损失及组成变化？
7. 温度对折光率测定有无影响？如何影响？如何消除温度对测定结果的影响？
8. 连续精馏过程中液体回流有什么必要性？
9. 蒸馏釜内压强与精馏柱内汽速、液速之间有什么关系？如何对其进行测量与控制？
10. 若要得到理论塔板数或者填料的等板高度数据，实验中需要测定哪些参数？需要哪些数据处理过程？

二、实验目的

1. 以一定形式的填料塔为例，了解填料塔的结构、操作及分离原理。
2. 掌握影响连续精馏中填料塔分离能力的因素和精馏操作条件的测定与控制方法。
3. 在一定实验条件下，对比评价四种不同形式填料（瓷拉西环、不锈钢 θ 形压延环、玻璃弹簧、金属丝网 θ 环）的分离能力，筛选分离最佳条件。
4. 培养学生设计、组织、安排实验的能力。

三、实验原理

精馏是一种重要的传质单元操作，在实验室或工业生产中用该操作分离有较大挥发性差异的液体混合物。完成精馏分离单元操作的设备有板式塔和填料塔两大类。连续填料精馏塔分离能力的测定和评价，一般采用正庚烷-甲基环己烷理想二元混合液、乙醇-正丙醇二元混合液或乙醇-水二元混合液作为实验物系，在不同操作条件下测定连续精馏塔的理论塔板数或者等板高度，并以精馏柱的利用系数作为优化目标，寻求精馏柱的最优操作条件。

连续填料精馏分离能力的影响因素可归纳为三个方面：一是物性因素，如物系及其组成，汽液两相的各种物理性质等；二是设备结构因素，如塔径与塔高，填料的形式、规格、填充方法等；三是操作因素，如操作压强、上升蒸汽速度、回流液体速度、进料状况和回流比等。在既定的设备和物系中影响分离能力的主要操作变量为蒸汽上升速度、回流液体速度和回流比。

在一定回流比下，连续精馏塔的理论塔板数可采用逐板计算法（Lewis-Matheson 法）或图解计算法（McCabe-Thiele 法）。在全回流条件下表征填料精馏塔分离性能常以每米填料高度所具有的理论塔板数或者等板高度作为主要指标，其理论塔板数 $N_{\text{T},0}$ 的计算可由逐板计算法导出的芬斯克（Fenske）公式进行计算，即：

$$N_{\text{T},0} = \frac{\ln\left[\left(\dfrac{x_{\text{d}}}{1-x_{\text{d}}}\right)\left(\dfrac{1-x_{\text{w}}}{x_{\text{w}}}\right)\right]}{\ln\alpha} - 1 \tag{37-1}$$

$$\alpha = \sqrt{\alpha_{\text{d}}\alpha_{\text{w}}} \tag{37-2}$$

式中，α 为相对挥发度，采用塔顶和塔底的相对挥发度的几何平均值；x_{d} 为塔顶轻组分摩尔分率；x_{w} 为塔底轻组分摩尔分率；$N_{\text{T},0}$ 为连续精馏全回流最小理论塔板数；α_{d} 为塔顶温度下的相对挥发度；α_{w} 为塔底温度下的相对挥发度。

在全回流、不同回流比下等板高度 h_{e} 可分别按式（37-3）和式（37-4）计算：

$$h_{\text{e},0} = \frac{h}{N_{\text{T},0}} \tag{37-3}$$

$$h_{\text{e}} = \frac{h}{N_{\text{T}}} \tag{37-4}$$

式中，h 为填料层高度，m；$h_{\text{e},0}$ 为全回流下等板高度，m；h_{e} 为一定回流比下等板高度，m；N_{T} 为一定回流比下的理论塔板数。

一定填料高度下其所相当的理论塔板数越多，等板高度越小，分离效果越好。在全回流条件下，精馏分离能力最大，达到给定分离目标所需理论塔板数最少，对填料的分离能力有放大作用。同时，由于全回流操作简便，易于实现，故多用于精馏分离评比实验或填料分离能力测定。

为了表征部分回流时的分离能力，可采用利用系数作为评价指标。精馏柱的利用系数 K 为在部分回流条件下测得的理论塔板数 N_{T} 与在全回流条件下测得的最大理论塔板数 $N_{\text{T},0}$ 之比值，或者为上述两种条件下分别测得的等板高度之比值，见式（37-5）。K 不仅与回流比有关，而且还与塔内蒸汽上升速度有关。因此，在实际操作中，应选择适当操作条件，以获得适宜的利用系数。

$$K = \frac{N_{\text{T}}}{N_{\text{T},0}} = \frac{h_{\text{e}}}{h_{\text{e},0}} \tag{37-5}$$

式中，K 为塔板利用系数。

四、仪器与试剂

1. 仪器

仪器：连续精馏实验仪；阿培折光仪。

本实验装置由连续填料精馏柱和精馏塔控制仪两部分组成，实验装置流程及其控制线路如图 37-1 所示。连续填料精馏装置由精馏柱、分馏头（全凝器）、再沸器、原料液高位瓶、原料液预热器、回流比控制器、单管压差计、塔顶、塔釜温度测量与显示系统、塔顶产品收集器、塔釜产品收集器等部分组成。填料型号有瓷拉西环、不锈钢 θ 形压延环、玻璃弹簧、金属丝网 θ 环四种，填充方式均为乱堆。精馏塔控制仪由四部分组成。通过调节再沸器的加热功率用以控制蒸汽量和蒸汽速度；回流比调节器用以调节控制回流比；温度数字显示仪通过选择开关，测量各点温度（包括塔顶蒸汽、入塔原料液、釜残液）；预热器温度调节器调节进料温度。柱顶冷凝器用水冷却，冷却水流量恒定。

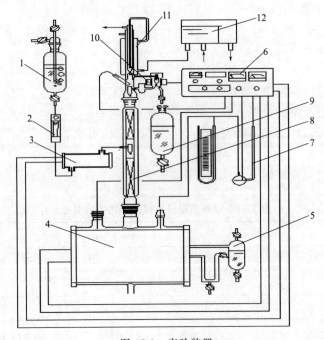

图 37-1　实验装置

1—原料液高位瓶；2—转子流量计；3—原料液预热器；4—蒸馏釜；5—釜液受器；
6—控制仪；7—单管压差计；8—填料分馏柱；9—馏出液受器；
10—回流比调节器；11—全凝器；12—冷却水高位槽

2. 试剂

无水乙醇；正丙醇。

五、实验步骤

实验中可采用乙醇和正丙醇物系，并按体积比 1∶3 配制成实验液。产品组成可利用阿培折光仪测定折光率计算获得。实验操作以全回流下不同填料性能评比为例。

1.向蒸馏釜内加入适量的原料液。

2.向全凝器内通入恒定流量的冷却水，并保证其循环通畅。

3.打开仪器开关，调节蒸馏釜加热功率，加热，直至溶液沸腾。

4.通过逐渐增大蒸馏釜加热功率、延长加热时间，使釜内压强逐渐增大，直至出现液泛现象，立即估读压差计读数（液泛釜压，记作 p_{max}），同时将加热功率调低，使溶液保持微沸。

5.对比几种填料柱的液泛釜压，以其中最小的 p_{max} 为基准，在全回流下，分别将几种填料精馏实验仪的釜压控制在 p_{max} 的 40%、60%、80% 处，待操作稳定后，记录塔顶、塔底温度，从塔顶和塔底采样。样品降至室温后测定折光率，至少平行测定两次，直至测定结果平行为止。

6.实验完毕，将蒸馏釜加热功率回零，关闭加热系统、仪器开关；待回流装置中无液回流后关闭冷却水。

数据可参照下列内容记录。

（1）设备基本参数

填料柱的内径：$d = 25mm$　　　填料种类：　　　　　　填料层高度 $h_R =$ _____ mm

（2）实验液及物性数据

实验物系：　　　　　　　A 为　　　　　　　B 为

纯组分的折光率（室温下）：$D_A =$　　　　　$D_B =$

混合液组成与折光率的关系：$D_m = D_A x_A + D_B(1 - x_A)$　　　　　　　　　　　　　（37-6）

在实验条件下，乙醇的相对挥发度 α 与温度（T）的关系：

$$\alpha = 3.26 - 0.014T \tag{37-7}$$

（3）性能数据　　填料精馏分离性能评比实验数据记录参见表 37-1。

表 37-1　填料精馏分离性能评比实验数据

填料类型	80% p_{max}				60% p_{max}				40% p_{max}			
	T_d	T_w	D_d	D_w	T_d	T_w	D_d	D_w	T_d	T_w	D_d	D_w
瓷拉西环												
不锈钢 θ 形压延环												
玻璃弹簧												
金属丝网 θ 环												

注：T_d 为塔顶温度；T_w 为塔釜温度；D_d 为塔顶产品折光率；D_w 为塔釜温度折光率。

六、　数据处理

利用测得数据，根据式（37-1）~式（37-3）、式（37-6）、式（37-7），可以求得 $N_{T,0}$、$h_{e,0}$，处理数据可参照表 37-2 列出。根据表 37-2 中结果可以分析得出三方面的结论：

（1）对于同一种填料，其分离能力最高时对应的蒸馏釜釜压。

（2）蒸馏釜釜压相同时，分离能力最高的填料类型。

（3）分离能力最高的填料类型及其所对应的蒸馏釜釜压。

表 37-2　填料精馏分离性能评比实验结果

填料类型	80% p_{max}		60% p_{max}		40% p_{max}	
	$N_{T,0}$	$h_{e,0}$	$N_{T,0}$	$h_{e,0}$	$N_{T,0}$	$h_{e,0}$
瓷拉西环						
不锈钢 θ 形压延环						
玻璃弹簧						
金属丝网 θ 环						

七、注意事项

1. 在采集分析试样前要有足够的稳定时间，当温度和压差恒定后才能取样分析，并以分析数据恒定为准。

2. 为保证上升蒸汽全部冷凝，冷却水的流量要控制适当，并维持恒定。

3. 预液泛不要过于猛烈，以免影响填料层的填充密度，切忌将填料冲出塔体。

4. 再沸器液位始终要保持在加热器以上，以防设备烧裂。

5. 实验完毕后，应先关掉加热电源，待蒸汽完全冷凝后，再停冷却水。

八、思考题

1. 精馏操作为什么需要回流？

2. 利用折光率求溶液浓度时，样品的测量温度对结果是否有影响？如何控制？

3. 如何判断精馏操作是否稳定？

4. 如何评价不同填料的分离性能？用 $N_{T,0}$ 与 $h_{e,0}$ 哪一个评价结果更合理？

九、参考文献

[1] 马志广，庞秀言. 基础化学实验 4，物性参数与测定. 2 版. 北京：化学工业出版社，2016：143-150.

[2] 吴晓艺，王松，王静文，等. 化工原理实验. 北京：清华大学出版社，2013：43-49.

[3] 武汉大学. 化学工程基础. 2 版. 北京：高等教育出版社，2009：192-246.

[4] 吴頔，庞秀言，林瑞年. 精馏实验平台设计与实施. 实验技术与管理，2018，35（2）：98-102.

[5] 张红，林瑞年，庞秀言. 化工实验仪器功能开发与实验课程体系建设. 实验技术与管理，2018，35（4）：215-217.

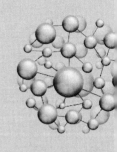

实验 38

流态化曲线与流化床干燥速率曲线测定

一、预习要点

1. 改变气体流速过程中，固体颗粒床层会呈现哪些不同的状态？流化床有哪些特点？
2. 如何测定流态化曲线？什么叫临界流化速率？如何获得临界流化速率？
3. 什么是恒定条件下干燥？什么是干燥速率、干燥速率曲线？
4. 湿物料水分含量的表达及测量方法？
5. 干燥过程可以划分为几个阶段？恒速干燥、降速干燥的机理有何不同？如何获得临界含水率？
6. 流态化干燥有什么特点？如何确定流态化干燥实验中所用空气流量？
7. 空气预热的目的是什么？

二、实验目的

1. 了解流态化干燥的特点及流化床干燥装置的基本结构、流程。
2. 掌握物料在恒定干燥条件下干燥曲线、干燥速率曲线的实验测定方法。
3. 掌握根据实验干燥曲线求取干燥速率曲线以及恒速阶段干燥速率、临界含水量、平衡含水量的实验分析方法。
4. 了解干燥条件对于干燥过程特性的影响。

三、实验原理

干燥是指利用热能使固体与其所吸附的湿分（一般指水分）分离的一种传热、传质单元操作。在设计干燥器的尺寸或确定干燥器的生产能力时，被干燥物料在给定干燥条件下的干燥速率、临界湿含量、平衡湿含量是最基本的技术参数，需要通过实验测定来获得。按照干燥器内空气与固体的传热方式不同，干燥有热传导、热对流、热辐射等多种形式。热对流干燥一般是利用热空气流过物料表面，在空气与湿物料之间发生传热、传质以达到去湿目的，此种干燥方式在工业生产中的应用最为广泛。

按干燥过程中空气状态参数（例如流量、温度、湿度）是否变化，可将干燥过程分为恒定干燥条件操作和非恒定干燥条件操作两大类。如果空气流量、温度、与物料的接触方式不变，同时用大量空气干燥少量物料，可近似认为空气湿度恒定，可称为恒定干燥条件下的操作。

1. 流化床干燥

使空气以不同的流速自下而上流经一定高度及堆积密度的颗粒床层，当空气的表观速率（u_0，按床层截面计算）较小时，颗粒之间保持静止并互相接触，此时床层称为固定床（如图 38-1）。当速率增大至临界流化速率（$u_{m,f}$）时，单位面积床层压降（Δp）等于颗粒的重力减去其所受浮力，颗粒开始悬浮于流体之中。进一步提高空气速率，床层随之膨胀，床层压降基本保持不变（如图 38-2 所示），但是颗粒运动加剧，此时床层称为流化床。当表观速率大于颗粒的自由沉降速率时，颗粒被空气带走，床层由流化床阶段进入移动床阶段。由于在流态化状态下，固体颗粒可以悬浮于空气中，从而使每个颗粒具有与空气之间最大的传热、传质面积，并保证所有颗粒具有相同的传热推动力与传质推动力，因而流态化状态下的干燥可以提高产品质量，缩短干燥时间。

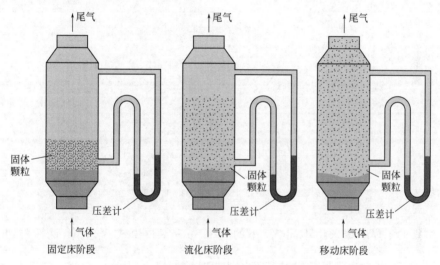

图 38-1　固体颗粒与流体接触的不同类型

2. 干燥速率

干燥速率是指单位干燥面积（提供湿分汽化的面积）、单位时间内所除去的湿分质量，即：

$$U = \frac{dW}{A\,d\tau} = -\frac{G_C\,dX}{A\,d\tau} \tag{38-1}$$

式中，U 为干燥速率，又称干燥通量，kg/(m²·s)；A 为干燥表面积，m²；W 为汽化的湿分量，kg；τ 为干燥时间，s；G_C 为绝干物料的质量，kg；X 为物料干基湿含量，$X(kg/kg) = \dfrac{W}{G_C}$。

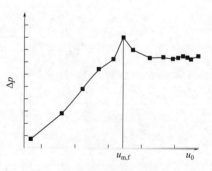

图 38-2　流体流经固定床和
流化床时的压降

3. 干燥速率的测定方法

方法一：借助于电子分析天平、快速水分测定仪（或者烘箱），分别称量不同时刻下所取物料初始质量 G_i 和终了质量 G_{iC}。

物料中瞬间含水率 X_i 为：

$$X_i = \frac{G_i - G_{iC}}{G_{iC}} \qquad (38\text{-}2)$$

方法二：利用床层的压降来测定干燥过程的失水量。

将湿物料加入流化床干燥器中，开始计时，随着干燥进行，床层的压降（Δp）随时间减小，实验至床层压降恒定（Δp_e）为止。

物料中瞬间含水率 X_i 为：

$$X_i = \frac{\Delta p - \Delta p_e}{\Delta p_e} \qquad (38\text{-}3)$$

式中，Δp 为时刻 τ 时床层的压降。

计算出每一时刻的瞬间含水率 X_i，然后将 X_i 对干燥时间 τ_i 作图，得到如图 38-3 所示的干燥曲线。

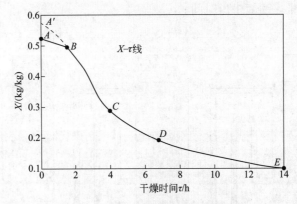

图 38-3　恒定干燥条件下的干燥曲线

由已测得的干燥曲线求出不同 X_i 下的斜率 $\dfrac{\mathrm{d}X_i}{\mathrm{d}\tau_i}$，再由式（38-1）计算得到干燥速率 U，将 U 对 X 作图，得到如图 38-4 所示的干燥速率曲线。

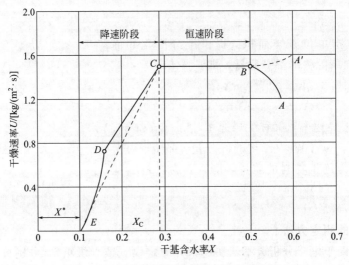

图 38-4　恒定干燥条件下的干燥速率曲线

将床层的温度对时间作图，可以得到床层的温度与干燥时间的关系曲线。

4. 干燥过程分析

（1）预热段 见图 38-3 和图 38-4 中的 AB 段或 $A'B$ 段。在预热段中，主要表现为物料升温，含水率略有下降。预热段经历的时间很短，通常在干燥计算中忽略不计，有些干燥过程甚至没有预热段。

（2）恒速干燥阶段 见图 38-3 和图 38-4 中的 BC 段。随着水分不断汽化，含水率下降。这一阶段去除的是物料表面附着的非结合水分，水分去除的机理与纯水相同。在恒定干燥条件下，若物料表面始终保持为湿球温度 t_W，传质推动力保持不变，因而干燥速率恒定，BC 段为水平线。恒定干燥阶段的干燥速率大小取决于物料表面水分的汽化速率，即决定于物料外部的空气干燥条件。该阶段称为表面汽化控制阶段。

（3）降速干燥阶段 随着干燥过程的进行，物料内部水分移动到表面的速率小于表面水分的汽化速率，物料表面局部出现"干区"，尽管这时物料其余表面的平衡蒸气压仍与纯水的饱和蒸气压相同，但以物料全部外表面计算的干燥速率因"干区"的出现而降低，此时物料中的含水率称为临界含水率，用 X_C 表示，对应图 38-4 中的 C 点，称为临界点。过 C 点以后，干燥速率逐渐降低至 D 点，C 至 D 阶段称为降速第一阶段。

干燥到点 D 时，物料全部表面都成为干区，汽化面逐渐向物料内部移动，汽化所需的热量必须通过已被干燥的固体层才能传递到汽化面；从物料中汽化的水分也必须通过这一干燥层才能传递到空气主流中。干燥速率因热、质传递的途径加长而下降。此外，在点 D 以后，物料中的非结合水分已被除尽，接下去所汽化的是各种形式的结合水，因而，平衡蒸气压将逐渐下降，传质推动力减小，干燥速率也随之较快降低，直至到达点 E 时，速率降为零，此时的含水率称为平衡含水率。这一阶段称为降速第二阶段。

降速阶段干燥速率曲线的形状随物料内部的结构不同而异。与恒速阶段相比，降速阶段从物料中除去的水分量减少，但所需的干燥时间较长，其干燥速率取决于物料本身的结构、形状和尺寸，而与空气状况关系不大。降速阶段又称内部扩散控制阶段。

四、仪器与试剂

1. 仪器

实验装置流程如图 38-5 所示。空气由风机送入，经电加热器预热后进入干燥器，与被干燥物料在流化床中传热、传质后，从干燥器中流出进入旋风分离器然后放空。空气的流量由转子流量计测量。

2. 试剂

流态化实验物料：硅胶颗粒。流化床干燥物料：湿硅胶颗粒。

五、实验步骤

1. 流态化曲线测定操作

（1）向设备内加入适量物料。

（2）打开仪表控制柜电源开关、数字压力表开关，在空气流量调节阀关闭状态下开启风机。

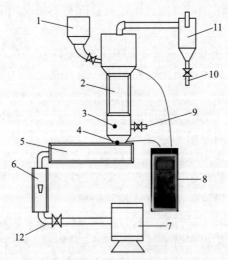

图 38-5　实验装置

1—加料斗；2—床层（可视部分）；3—床层测温点；4—空气出口温度测试点；5—空气预热器；6—转子流量计；
7—鼓风机；8—数字压力表；9—取样口；10—排灰口；11—旋风分离器；12—流量调节阀

（3）缓慢打开流量调节阀，在流量计指示范围内测量床层压降随流量变化情况；参照表38-1记录实验数据。

（4）关闭流量调节阀，关闭风机。

（5）卸料。将物料用水浸湿、滤干水分后备用。

2. 流化床干燥速率曲线测定操作

（1）缓慢打开流量调节阀，参照流态化实验选择、调节、控制一个空气流量（所选流量应保证干燥过程中颗粒呈流态化状态）；打开放空阀。

（2）打开加热器开关，调节加热功率，加热，使空气出口温度控制在 60～80℃ 范围内。

（3）待床层进口处空气温度恒定后，将湿物料迅速加入流化床；关闭放空阀，并每隔 1～2min 记录床层压降 Δp、床层温度随时间变化情况，直至床层压降恒定；参照表38-2记录实验数据。

（4）将加热功率回零，关闭加热器电源；关闭数字压力表开关；待空气出口温度降至近室温后，关闭空气流量调节阀，关闭风机；切断总电源。

（5）卸料。

表 38-1　流态化曲线测定实验数据

空气流量 q_V/(m³/h)					
床层压降 Δp/Pa					

表 38-2　流化床干燥实验数据

空气流量 $q_V=$　　　m³/h；　空气进口温度 $T=$

干燥时间 τ/min					
床层压降 Δp/Pa					
床层温度/℃					

六、　数据处理

1. 根据表 38-1 中数据，利用式（38-4）计算空气的表观速率 u_0，作出 $\Delta p\text{-}u_0$ 曲线，用作图法求出 $u_{m,f}$。

$$u_0 = \frac{4q_V}{\pi d^2} \tag{38-4}$$

式中，$d = 100\text{mm}$。

2. 根据流化床干燥实验数据，利用式（38-3）求出不同干燥时间下的 X_i；利用 X_i 与 τ 绘制出干燥曲线、干燥速率曲线，并求出恒定干燥速率、临界含水量、平衡含水量。

七、　注意事项

1. 风机的起动和关闭必须严格遵守操作步骤。无论是开机、停机或调节流量，必须缓慢地开启或关闭阀门。

2. 流态化曲线测定中，当流量调节值接近临界点时，阀门调节须细微，注意床层高度及压降变化。

3. 干燥器内必须有空气流过才能开启加热，防止干烧损坏加热器，出现事故。

4. 床层压降不能超过压力表测试量程范围。

八、　思考题

1. 流化床下的干燥有何特点？

2. 空气流量或温度对恒定干燥速率、临界含水量有什么影响？

3. 恒速干燥阶段与降速干燥阶段的机理有何不同？

4. 临界含水率在实际干燥操作中有何应用意义？

九、　参考文献

[1] 马志广，庞秀言. 基础化学实验 4，物性参数与测定. 2 版. 北京：化学工业出版社，2016：127-135.

[2] 吴晓艺，王松，王静文，等. 化工原理实验. 北京：清华大学出版社，2013：62-66.

[3] 仟淑霞，庞秀言，林瑞年，等. 流态化实验内容设计与优化. 实验室科学，2018，21（2）：50-54.

[4] 张红，林瑞年，庞秀言. 化工实验仪器功能开发与实验课程体系建设. 实验技术与管理，2018，35（4）：215-217.

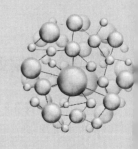

实验 39

多色荧光芳香共聚酯的制备与性能

一、预习要点

1. 芳香共聚酯（聚对苯二甲酸丁二醇酯，简称 PBT）的结构、聚合方法。
2. 四氯苝酐的结构及荧光特性。
3. 荧光分光光度计、紫外分光光度计的测试原理。

二、实验目的

1. 了解真空缩聚反应的基本原理，学习用该方法制备荧光芳香共聚酯的过程。
2. 掌握荧光材料的基本表征方法，如荧光光谱、紫外光谱、核磁共振以及图谱的解析方法。
3. 研究四氯苝酐的添加量对材料荧光性能的影响规律，并研究材料的热学及结晶性能。

三、实验原理

发光聚合物广泛应用于可调谐激光器、显示器、医学诊断、太阳能转换和光通信放大器以及照明等领域。高量子产率荧光材料由于在荧光标记、图案化、显示和光电子设备等方面优势突出而受到人们的高度关注。苝类化合物自身具有强荧光的特性，它能与目标分子发生相互作用从而实施监测，因此作为荧光试剂而备受关注。苝酐可以单独作为一种颜料使用，也可以与各种胺反应得到多种颜料，它是合成苝系染料的重要中间体。从 Kardos 在 1913 年合成第一个苝系衍生物后，苝系衍生物的合成与研究得到了不断发展，其中，四氯苝酐是一种常用的红色荧光染料，结构式如图 39-1 所示。

图 39-1　四氯苝酐结构式

四氯苝酐固体由于聚集诱导猝灭效应（ACQ）而不显示荧光特性，但由于四氯苝酐的酸酐基团具有良好的反应性，因此可以通过分子设计，利用酸酐基团的开环反应，将四氯苝酐分子连接到高分子的分子链中，例如，聚对苯二甲酸丁二醇酯（PBT）的分子链中，降低其聚集猝灭效应，形成带有荧光分子结构的新型聚酯，并通过改变四氯苯酐的含量，赋予材料新的、可控的荧光性能。PBT 在塑料、包装等领域有着重要应用，虽然它拥有良好的力学性能，但本身并不具有荧光性能。如果通过以上方法，在 PBT 中引入荧光单元制备一种新型的荧光 PBT，则可以赋予传统聚酯材料新的功能性，拓展其应用范围。同时，为了提高芳香共聚酯的溶解性与透明性，在合成聚酯时引入第 2 种二醇单体，如丙二醇，制备芳香共聚酯。由于共聚酯的结晶能力较差，这增加了高分子链之间的距离，从而提高了聚酯的荧光量子产率。

四、 仪器与试剂

1. 仪器

电子分析天平，三口烧瓶（100mL），吸量管（10mL），滴管，真空泵，烘箱，加热磁力搅拌器，顶置式机械搅拌器，差示扫描量热仪，紫外-可见分光光度计，核磁共振氢谱仪，荧光分光光度计。

2. 试剂

对苯二甲酸二甲酯(CR)，1,3-丙二醇(AR)，1,4-丁二醇(AR)，三氧化二锑(AR)，钛酸丁酯(AR)，四氯苯酐(AR)，二氯甲烷(AR)，甲醇(AR)。

五、 实验步骤

1. 共聚酯合成

取 19.4g 对苯二甲酸二甲酯（0.1mol）、0.2g 四氯苯酐、0.0291g Sb_2O_3 于 100mL 三口烧瓶中，再加入 9g 1,4-丁二醇（0.1mol）、7.6g 1,3-丙二醇（0.1mol）以及两滴 $Ti(OC_4H_9)_4$，将接口处密封并搭好装置，反复三次抽真空充氮气，反应过程中通氮气。反应物熔融后开始机械搅拌，反应温度逐步升高至 180℃，并保持此温度反应 2h，然后提高温度至 200℃反应 1.5h；最后将反应温度设定到 240℃，同时关闭氮气阀门，抽真空，保持压力在 100Pa 左右，反应 1.5h，观察产生爬杆效应后，停止实验，取出样品。实验中更换四氯苯酐的质量分数依次为 1%、0.5%、0.25%、0.025%、0%，重复上述实验操作，分别得到不同发光共聚酯样品，编号为 1#、2#、3#、4#、5#。

2. 共聚酯样品纯化

分别取 0.1g 样品置于烧杯中，加 10mL CH_2Cl_2 溶解，之后滴加甲醇进行沉淀，所需沉淀剂与溶剂比例为 1:1。将沉淀进行抽滤、干燥，并重复上述操作两次，得到所需纯化样品。

3. 分析表征

（1）核磁共振氢谱测试　分别测试不含四氯苯酐的聚酯样品、四氯苯酐含量 1% 的样品以及纯四氯苯酐 CCl_3D 溶液的核磁共振氢谱，对比结构变化情况，进而确定产物结构。

（2）紫外光谱表征　将共聚酯样品及纯四氯苯酐样品溶于 CH_2Cl_2 中，先测定参比溶液 CH_2Cl_2 的吸收情况，再分别测定各样品溶液。

（3）荧光强度测定　采用荧光分光光度计测量样品的荧光强度变化情况，设置激发波长为 365nm，发射波长为 375nm，狭缝宽度为 5nm。

（4）发光性能　将共聚酯样品在 365nm 紫外灯下进行照射，观察样品发光情况，并进

化学研究与创新实验（Ⅰ）

行比较。

（5）玻璃化温度和结晶、熔融行为测试　采用差示扫描量热仪，在氮气（氮气流量为20mL/min）保护氛围下进行测试。DSC温度程序设定为：以80℃/min的升温速率，从30℃升温至200℃；恒温5min；以80℃/min的降温速率，从200℃降温至0℃；在0℃恒温3min；以10℃/min的升温速率，从0℃升温至200℃。记录结晶和熔融过程，标记玻璃化温度和熔点温度。

六、数据分析及记录

分别将核磁氢谱、紫外吸收光谱、荧光发射光谱和DSC数据作图，并将主要数据记录在表39-1中。另外，对在紫外灯下照射样品的发光情况进行拍照记录、比较。

表39-1　荧光芳香共聚酯的性能测定结果

记录项目	1#	2#	3#	4#	5#
紫外光谱最大吸收峰/nm					
荧光光谱最大发射峰/nm					
发光性能（颜色）					
熔点/℃					
玻璃化转变温度/℃					

七、注意事项

聚合反应过程中的真空度调节要及时、准确，并密切观察反应物的爬杆情况。

八、思考题

1. 真空缩聚法的基本原理是什么？
2. 聚合物材料产生荧光要满足哪些条件？

九、参考文献

［1］Cheng H R，Qian Y. Synthesis and intramolecular FRET of perylene diimide enaphthalimide dendrons. Dyes and Pigments，2015，112：317-326.

［2］Wang Jian，Cai Xueming，Jia Panjin，et al. Synthesis and characterization of the copolymers containing blocks of polydimethylsiloxane in low boiling point mixtures. Mater Chemistry and Physics，2015，149-150：216-223.

［3］Lu H，Feng L，Li S，et al. Unexpected strong blue photoluminescence produced from the aggregation of unconventional chromophores in novel siloxane-poly（amidoamine）dendrimers. Macromolecules，2015，48（3）：476-482.

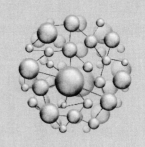

实验 40

原位聚合制备石墨烯/聚丙烯酸酯导电复合薄膜

一、 预习要点

1. 乳液聚合的方法。
2. 石墨烯的结构与性能。
3. 差示扫描量热仪（DSC）的测试原理及使用方法。

二、 实验目的

1. 了解通过原位聚合方法制备石墨烯/聚酯复合乳液的方法，学习用该方法制备石墨烯导电涂料的制备过程。
2. 了解石墨烯的添加量对涂料导电性能的影响规律，掌握 DSC 检测玻璃化温度的方法。

三、 实验原理

聚丙烯酸酯是一类由丙烯酸酯类单体聚合而成的聚合物。它具有优异的黏结性，良好的耐候性和稳定性，广泛应用于医用聚合物、涂料成膜剂、光电材料、日用化工等领域。石墨烯（Graphene）是一种由碳原子以 sp^2 杂化轨道组成六角形呈蜂巢晶格的二维碳纳米材料。石墨烯具有优异的光学、电学、力学特性，在材料学、微纳加工、能源、生物医学和药物传递等方面具有重要的应用前景，被认为是一种未来革命性的材料。英国曼彻斯特大学物理学家安德烈·盖姆（Andre Geim）和康斯坦丁·诺沃肖洛夫（Konstantin Novoselov），用微机械剥离法成功从石墨中分离出石墨烯，因此共同获得 2010 年诺贝尔物理学奖。

在导电填料应用方面，石墨烯与聚合物复合可以制备导电复合材料。复合材料的制备方法包括溶液或乳液共混、熔融共混和原位聚合复合等。其中，原位聚合复合方法是将单体、引发剂和填料原位混合后，在一定条件下进行聚合反应，制备聚合物复合材料。这种方法比熔融共混方法可以减少二次混合步骤，简化制备工艺。本实验采用原位聚合复合方法，将石墨烯、丙烯酸酯类单体、引发剂、乳化剂等原料直接混合，然后进行原位聚合反应，制备石墨烯/聚丙烯酸酯导电复合乳液，然后将复合乳液涂膜，制备低电阻复合电极薄膜材料。复合电极可以用于医学电极，例如监测脑电信号、心电信号等。

四、仪器与试剂

1. 仪器

电子分析天平，三口烧瓶（100mL），吸量管（10mL），滴管，真空烘箱，数显加热磁力搅拌器（C-MAG HS7），数显顶置式机械搅拌器（EUROSTAR 20），差示扫描量热仪。

2. 试剂

石墨烯（XF180）；丙烯酸（CP）；丙烯酸甲酯（AR）；丙烯酸乙酯（AR）；十二烷基硫酸钠（AR）；过硫酸钾（AR）；二甲基硅油（AR）。

五、实验步骤

1. 聚丙烯酸酯的合成和玻璃化温度的控制

为了得到在室温下呈柔软状态的电极薄膜材料，首先研究共聚酯单体配比对样品玻璃化温度的影响。按照表 40-1 所示的配比，分别量取一定质量的丙烯酸、丙烯酸甲酯和丙烯酸乙酯，加入 250mL 三口烧瓶中，再加 40mL 水及 0.5g 十二烷基硫酸钠，于水浴锅中加热升温并搅拌。在 70℃时搅拌约 10min，用恒压滴液漏斗滴入过硫酸钾溶液，全部滴完后升温在80℃下持续反应 3h。反应结束后，将聚丙烯酸共聚酯乳液冷却至 50℃后，加入缓冲液，调节溶液的 pH 值至 6~7 出料，即可得到聚丙烯酸共聚酯乳液 C_1、C_2、C_3，然后将各乳液涂膜，并在 50℃烘箱中烘干 1h，得到薄膜，然后用于玻璃化转变温度的测试。选择 C_1、C_2、C_3 中玻璃化温度低于室温的一个样品作为基体配方，进行下一步原位聚合反应。当材料的玻璃化转变温度（T_g）明显低于室温（25℃）时，在室温下使用时表现出较好的柔性，作为医用电极与皮肤贴合会比较柔软，有利于提高被试者的舒适度。

表 40-1   不同聚丙烯酸共聚酯乳液中各单体的质量分数

原料	质量分数/%		
	C_1	C_2	C_3
丙烯酸	62	36	7
聚丙烯酸甲酯	32	33	34
聚丙烯酸乙酯	6	31	59

2. 原位聚合反应制备导电复合乳液

按照选定的基体配方把各种单体加入三口烧瓶中，然后按照表 40-2 的配方分别加入不同质量分数的石墨烯，重复上述乳液聚合过程，即可得到不同石墨烯/聚丙烯酸共聚酯原位聚合复合乳液，命名为 B_1~B_4。

表 40-2　不同复合乳液中石墨烯的含量

样品	B_1	B_2	B_3	B_4
石墨烯质量分数/%	8	15	37	46

3. 导电薄膜制备

将不同复合乳液涂覆在玻璃板上，在 50℃ 的烘箱中烘干 1h，即得到石墨烯/聚丙烯酸共聚酯薄膜。

4. 材料表征及记录

（1）玻璃化温度测试　采用差示扫描量热仪，在氮气（流量为 20mL/min）保护氛围下进行测试。DSC 温度程序设定为：以 80℃/min 的升温速率，从 −50℃ 升温至 100℃，恒温 5min；以 80℃/min 的降温速率，从 100℃ 降温至 −50℃，恒温 5min；以 10℃/min 的升温速率，从 −50℃ 升温至 100℃。记录最后的升温过程，标记玻璃化温度，并记录于表 40-3。

表 40-3　C 系列乳液制备的薄膜的玻璃化温度

原料	质量分数/%		
	C_1	C_2	C_3
玻璃化温度/℃			

（2）电阻测量　采用欧姆表测量薄膜的电阻，两个表笔尖端间的距离保持在约 10mm，在薄膜不同位置测量 5 次并取平均值，记录于表 40-4 中。

表 40-4　B 系列不同复合乳液制备的薄膜的电阻值　　　　　　单位：Ω

样品	1	2	3	4	5	平均电阻
B_1						
B_2						
B_3						
B_4						

六、数据分析

1. 根据 C 系列样品的 DSC 谱图和玻璃化温度数据，比较聚丙烯酸共聚酯的组成对玻璃化性能的影响，并讨论玻璃化温度变化机理。

2. 根据 B 系列薄膜的电阻数据，了解石墨烯含量对薄膜导电性能的影响规律，并讨论导电机理。

七、注意事项

1. 原位聚合反应过程中的加料顺序要正确，并密切观察乳液的变化。

2. 为保证电阻的测量准确，欧姆表测量电阻时，应保证两个表笔尖端间的距离保持在约 10mm，并且表笔与薄膜紧密接触。

八、 思考题

1. 原位聚合反应的基本原理是什么？
2. 如何提高石墨烯/聚合物导电复合材料的导电性能？
3. 石墨烯导电填料比普通导电炭黑有哪些优点？

九、 参考文献

[1] 倪伟男，吴刚，张新海. 改性石墨烯/聚丙烯酸酯 Pickering 复合乳液膜的制备及其性能研究. 复旦学报，2018，（12）：767-779.

[2] 闰明涛，张砚召，李瑜琦，等。一种用于脑电采集的柔性复合电极材料及其制备方法. 中国专利申请号，201910534291. 5.

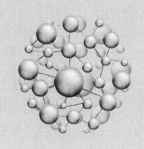

实验 41

缩合聚合法制备超支化聚（酰胺-酯）

一、 预习要点

1. 通过缩聚反应制备聚合物的方法、原理和特点。
2. 通过红外光谱中的特征吸收峰判断分子中含有的化学键或官能团。

二、 实验目的

1. 熟悉缩合聚合方法制备超支化聚（酰胺-酯）。
2. 通过超支化聚（酰胺-酯）的制备，了解超支化高分子的一般概念和形成机制。
3. 学习和掌握红外光谱和凝胶渗透色谱的使用。

三、 实验原理

　　高度支化聚合物是近年来发展起来的一种具有不规则的似树枝结构和特殊性能的聚合物。高度支化聚合物由 AB_x 支臂原料和核组分（可以不加）反应而成，其中单体 A 和 B 具有反应活性官能团。高度支化聚合物分为超支化聚合物和树枝状大分子，二者的物理性质和化学性质十分相近，例如在分子链的末端有大量的活性官能团，具有良好的溶解性和较高的反应活性等。它们与传统线形聚合物或者星形聚合物相比，其大分子中含有三维结构和大量端基，具有溶解性好、熔体和溶液都黏度低、化学反应活性强、无链缠结、不结晶等特点。与树枝状聚合物相比，超支化聚合物无需仔细分离提纯，可直接由本体聚合制备，成本较低，制备简单，有利于大规模合成，具有很大的应用潜力。

　　超支化聚合物具有三维准球形高度支化结构，有三种不同类型的重复单元：末端单元、线型单元和树枝状单元。支化度 DB（degree of branching）作为表征超支化结构的一个重要因素，它标志着超支化聚合物和树枝状分子的接近程度，可以直接反映出聚合物结构的密度以及末端官能团的数目和位置。超支化聚合物不同于线性聚合物，因其高度支化的超支化分子外围，存在很多末端基，这些基团紧密堆积，使得中间成为一个密闭式的空腔结构，及大量可以改性的末端基团，使得超支化聚合物具有低黏度、高流变性、良好的溶解性，这些使其在纳米材料方面、涂料方面、生物医疗方面等都有很大的应用。

本实验采用"准一步法"合成超支化聚（酰胺-酯）。"准一步法"是指后一代均由前一代产物添加单体（不另外加核）而合成。利用"准一步法"有利于使后加入单体的羧基有更多机会与主链末端的羟基发生反应，在更大程度上避免了单体之间的缩合交联反应，从而得到分子量分布更窄的超支化聚合物（图41-1）。

图 41-1　超支化聚（酰胺-酯）的合成反应示意图

四、仪器与试剂

1. 仪器

仪器：电子分析天平、机械搅拌装置、循环水真空泵、凝胶渗透色谱、红外光谱仪、加热套、升降台、三口烧瓶、四口烧瓶、球形冷凝管、直形冷凝管、蒸馏头、尾接管、圆底烧瓶、软管若干。

2. 试剂

丁二酸酐（AR）、二乙醇胺（$HOCH_2CH_2NHCH_2CH_2OH$，AR）、无水甲醇（CH_3OH，AR）、1,1,1-三羟甲基丙烷（AR），对甲苯磺酸（AR）。

1. 水溶性单体的合成

在氮气保护下，将二乙醇胺（15.7g，0.10mol）加入到装有搅拌器和干燥管的四口烧瓶中，在冰水浴下加入 15mL 无水甲醇，开动搅拌使二乙醇胺溶解。将丁二酸酐（15.00g，0.10mol）分批次加入四口烧瓶中，控制温度在 0～5℃之间，在冰水浴下继续反应 2h，后升温到 40℃反应 2h。采用红外光谱法测定溶液中酸酐的存在，待酸酐键消失，停止反应，并控制在 50℃减压蒸出溶剂甲醇，得浅黄色黏稠的 N,N-二羟乙基丁二酸单酰胺单体。

2. 超支化（酰胺-酯）的合成

不含 B3 单体的超支化聚合物：N,N-二羟乙基丁二酸单酰胺（7.25g，35mmol）和 0.5mmol 对甲苯磺酸投入 100mL 三口烧瓶中，机械搅拌，升温至 125℃，反应 3h，得到微黄色黏稠液体，后保持减压蒸馏出反应生成的水，继续反应 3h。冷却至室温，得到黄色黏稠固体，即为超支化（酰胺-酯），并采用凝胶渗透（GPC）法测定聚合物的分子量和分散指数。

含 B3 单体的超支化聚合物：N,N-二羟乙基丁二酸单酰胺（7.25g，35mmol）、1,1,1-三羟甲基丙烷（0.187g，1.4mmol）和 0.1g 对甲苯磺酸投入 100mL 三口烧瓶中，机械搅拌，升温至 125℃，反应 3h，得到微黄色黏稠液体，后保持减压蒸馏出反应生成的水，继续反应 3h。冷却至室温，得到黄色黏稠固体，即为超支化（酰胺-酯），并采用 GPC 法测定聚合物的分子量和分散指数。

3. 分析表征

用红外光谱判定制备水溶性单体反应的终点：采用 KBr 压片法测定产物中是否含有酸酐的特征吸收峰，$1880\sim1850cm^{-1}$（C＝O）、$1780\sim1740cm^{-1}$（C＝O）、$1170\sim1050cm^{-1}$（C—O）。如果这些特征吸收峰消失，说明该反应进行完全。

用凝胶渗透色谱判定所合成聚合物的分子量和分子量分布。样品浓度：2mg/mL。溶剂：超纯水，滤膜过滤，备用。测试条件为：流动相为 0.05mol/L 的 Na_2SO_4 水溶液，流速为 1mL/min，示差检测器，标准曲线范围 5000～100000g/mol。

4. 结果对比

对比两种方法制得的超支化聚合物的分子量和分散指数。

1. 单体合成反应进行完全。如果进行不完全，可能会产生交联聚合物。
2. 缩聚反应过程中，应保持反应体系中具有较高真空度。
3. 应严格过滤测定聚合物分子量的溶液样品。

1. 超支化聚（酰胺-酯）的制备过程中为什么会产生交联的现象？
2. 支化内核的加入会对超支化聚合物的分子量及其分散指数产生何种影响？

八、参考文献

［1］Zheng Y，Li S，Weng Z，et al. Hyperbranched polymers：advances from synthesis to applications. Chemical Society Reviews，2015，44（12）：4091-4130.

［2］温昕，王素娟，高保祥，等. 超支化聚（酰胺-酯）溶液中的5，10，15，20-四（4-羟基苯基）卟啉聚集行为的研究. 化学学报，2010，68（18）：1876-1880.

［3］Caminade A M，Yan D，Smith D K. Dendrimers and hyperbranched polymers. Chemical Society Reviews，2015，44（12）：3870-3873.

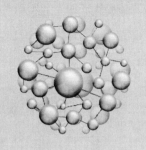

实验 42

不同溶剂性质下高分子链的运动形态及链尺寸计算

一、预习要点

1. Linux 操作系统与 Windows 系统的异同。
2. Linux 操作系统基本命令。
3. 高分子链构型构象、链尺寸与链长的标度关系。

二、实验目的

1. 了解理想高分子链的运动形态。
2. 了解相互作用参数对溶剂性质的影响。
3. 了解 Lammps、Vmd 软件的基本用法。
4. 计算均方末端距、均方回转半径与聚合度的标度关系，并与理论值相比较。

三、实验原理

　　高分子链的构象、形态及尺寸，不能通过做实验来直接观察或测定。这是因为高分子材料不能气化为单个高分子，高分子的分子量大，高分子间相互作用力也很大，远远超过组成高分子链的化学键的键能，当能量还不足以克服高分子间的相互作用力时，主链上的化学键已先被破坏，产生热分解。而单个高分子只能分布在稀溶液中，只能通过高分子稀溶液宏观性质的测定来间接得到高分子的平均尺寸。分子模拟无疑是事半功倍的，通过软件构造高分子链，直观展示高分子链的形态和尺寸变化，计算链的平均尺寸，验证平均尺寸与链长的标度关系，具有实体分子模型和课堂教学所达不到的效果。

　　因此，根据分子动力学模拟的原理设计了如下方案，来进行单链高分子形态的模拟。在目前高分子理论的模拟工作中，一般使用 Grest-Kremer 粗粒化模型，这是目前进行高分子模拟所使用的标准模型，如图 42-1 所示。该模型定义如下：高分子的主链结构简化为珠子（代表高分子链节）以及连接珠子的弹簧（代表连接高分子链节的化学键）。珠子之间通过截断和平移的 Lennard-Jones 势（U_{LJ}，图 42-2）相互作用：

$$U_{\mathrm{LJ}} = \begin{cases} 4\varepsilon\left[\left(\dfrac{\sigma}{r}\right)^{12} - \left(\dfrac{\sigma}{r}\right)^{6} - \left(\dfrac{\sigma}{r_{\mathrm{c}}}\right)^{12} + \left(\dfrac{\sigma}{r_{\mathrm{c}}}\right)^{6}\right] & r < r_{\mathrm{c}} \\ 0 & r \geqslant r_{\mathrm{c}} \end{cases} \tag{42-1}$$

式中，r_{c} 称为珠子的有效半径；σ 为截断距离；r 为珠子之间的距离；ε 为相互作用势的大小。

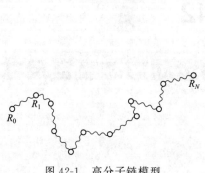

图 42-1　高分子链模型

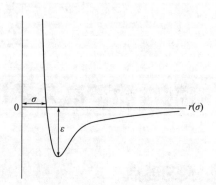

图 42-2　Lennard-Jones 势能函数图

本实验即采用此模型，通过改变相互作用参数 ε，来模拟高分子链在不同的溶剂性质下的运动形态；通过模拟不同链长的高分子，得到高分子链的末端距数据，并将该数据与理论结果相对照。

具体的，对于理想链，高分子末端距（R）与链长（N）的关系如下：

$$\begin{cases} R \approx N^{\frac{1}{2}} & \theta\ \text{溶剂} \\ R \approx N^{\frac{3}{5}} & \text{良溶剂} \end{cases} \tag{42-2}$$

四、仪器与试剂

1. 仪器

台式计算机，服务器。

2. 试剂

无。

五、实验步骤

1. 生成不同链长的高分子链

通过计算机，远程登录到服务器。使用服务器上的可执行程序，生成链长 N 分别为 10、50、100、200、500、1000 的高分子链的初始数据。

2. 对不同链长的高分子链进行动力学模拟

（1）首先使用 Lammps 分子动力学软件包，将不同链长的高分子链的初始数据跑 2000 个 τ_{lj}（时间步），使高分子链充分松弛，并记录最后的模型数据。

（2）设置相互作用参数 ε 为 0.34，此时溶剂性质为 θ 溶剂；设置相互作用参数 ε 为 0.1，此时溶剂性质为良溶剂。

（3）使用这个新的模型数据进行动力学模拟，设置步长 0.01，间隔 100，总步数 10000。最终得到末端距数据和轨迹文件。

3. 高分子运动形态观察

选取链长 $N=100$，分别在 θ 溶剂和良溶剂时的高分子的轨迹文件，将其导入分子可视化软件 VMD 中，设置参数，使其以合适的速度连续显示不同时刻高分子链的形态。

六、 数据处理

数据填入表 42-1。

表 42-1　不同链长高分子的末端距

链长	10	50	100	200	500	1000
末端距—θ 溶剂						
末端距—良溶剂						

将该数据导入 Origin 中，做对数图，拟合斜率，与理论结果相对照。

七、 注意事项

1. 新生成的链构象需要进行充分松弛，才可进行接下来的模拟。
2. 模拟时间要足够，以便得到较精确的数据。

八、 思考题

1. 相互作用参数是如何影响溶剂性质的？
2. 如果松弛时间不充分，会导致何种结果？
3. 影响高分子链形态的因素有哪些？结合本实验结果和所学高分子物理知识进行讨论。

九、 参考文献

［1］ P. G. de Gennes. Scaling Concepts in Polymer Physics. Ithaca，NY：Cornell University Press，1979.

［2］ 杨海洋，易院平，朱平平，等. 二维高分子链形态的计算机模拟. 高分子通报，2003，（5）：76-80.

［3］ Lammps 使用手册.

［4］ Vmd 使用手册.

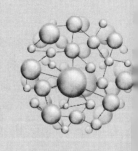

实验 43

线型低密度聚乙烯/纤维素复合材料的制备及其结晶和流变行为

一、预习要点

1. 复合材料的制备方法和表征手段。
2. 线型低密度聚乙烯的结构、特点以及应用。
3. 填料的改性及其与高分子基体的相互作用原理。
4. 高分子复杂体系的结晶和流变行为。

二、实验目的

1. 了解填料改性的基本原理。
2. 掌握制备高分子复合材料的方法和原理。
3. 探究填料改性及其含量对体系结晶和流变行为的影响。

三、实验原理

高分子复合材料是将聚合物基体与填料有机结合在一起，同时发挥二者的优势，以达到性能互补、提高材料性能的目的，成为当今材料科学领域的研究方向之一。线型低密度聚乙烯（linear low density polyethylene，LLDPE）是以乙烯为主要原料，与少量的 α-烯烃（如 1-丁烯、1-辛烯等）等共聚单体，在催化剂作用下经高压或低压聚合而成的一种共聚物，相对高密度聚乙烯（HDPE）和低密度聚乙烯（LDPE）具有一定的优越性，如具有优良的耐低温性能、化学稳定性，能耐大多数酸、碱的侵蚀，近年来其已发展成为最大的聚烯烃品种之一。无论是 LLDPE 的基础理论研究，还是应用方面的工作都受到了越来越多的重视。然而，LLDPE 机械强度低、表面硬度较低、刚性较差、软化点较低等缺点大大限制了其应用。为了进一步扩大 LLDPE 的应用范围，对其进行改性引起了研究者们的关注，对聚乙烯/填料复合材料的研究业已成为当今研究的热点。

使聚合物高性能、低成本化的研究一直是热塑性塑料研究的重点。而纤维素是自然界中资源最为丰富的天然高分子材料，每年生长总量多达千亿吨，是一种极为重要的资源。近年来，纤维素作为增强材料的潜在优势越来越引起人们的注意，它资源丰富、价格低廉、密度比所有无机纤维都小，而模量与无机纤维相近，其良好的力学和物理性质、与环境协调的特性为材料学科所重视，植物纤维复合材料加工时耗能少，对加工设备的损耗小，有利于节约能源。它最突出的优点是具有生物可降解性和可再生性，这是其他任何增强材料所无法比拟的。开发纤维素作为增强材料的复合材料在环境保护和资源保护方面都有重要的意义。

由于纤维素分子中含有大量的羟基，具有亲水性，与疏水的热塑性树脂相容性很差，制得的填充复合材料的力学性能较差，从而限制了纤维素的应用。所以，如何在纤维素上设计与热塑性塑料适当的界面结构，进一步改善复合材料的性能，是获得高性能纤维素填充热塑性树脂复合材料的关键技术。填料对于聚合物材料熔体流变及其熔体结晶行为的影响，既取决于固体填料本身的物理化学性质，也与填料和基体聚合物之间的相互作用有关，并最终影响着整个填充体系的加工和使用性能。聚合物复杂体系的流变和结晶行为研究一方面能够为材料的成型加工提供丰富信息，同时也是研究高分子材料结构与性能的重要手段。

本实验拟首先对纤维素进行化学改性，并以 LLDPE 为基体，通过熔融共混法制备 LLDPE/纤维素复合材料。将通过偏光显微镜、差式扫描量热仪研究改性纤维素对体系结晶性能的影响，通过动态力学谱仪研究体系的弹性模量，着重研究改性纤维素的含量、温度对体系模量、黏度的影响，并将考察体系流变行为的剪切速率的依赖性。

四、仪器与试剂

1. 仪器

磁力加热搅拌器 C-MAG HS7（德国 IKA 公司）；应力控制流变仪 AR2000ex（美国 TA 公司）；偏光显微镜 BX51（日本 Olympus 公司）；差示扫描量热仪 Diamond DSC（美国 Perkin-Elmer 公司）；动态力学谱仪 DMA8000（美国 Perkin-Elmer 公司）；微型锥形双螺杆挤出机 SJSZ-07（中国武汉市瑞鸣塑料机械制造公司）；微型注射机 SZ-15（中国武汉市瑞鸣塑料机械制造公司）。

2. 试剂

微晶纤维素（MCC），HK-4897，河南华康；线性低密度聚乙烯（LLDPE），熔点 135℃；硅烷偶联剂 KH-550；乙醇（95％，AR）；浓盐酸；去离子水。

五、实验步骤

1. 纤维素的化学改性

为了改善微晶纤维素与 LLDPE 材料的界面相容性，在混料之前，用硅烷偶联剂 KH-550 对部分微晶纤维素进行了表面处理。

实验过程如下：

（1）将微晶纤维素在 1mol/L 的 HCl 中浸泡 5h，抽滤，并用蒸馏水洗涤至中性。

（2）将 95％乙醇与去离子水按 19:1 的比例配成溶液，搅拌均匀。

（3）在保持搅拌的同时，缓慢加入硅烷偶联剂，浓度约在 1％（质量分数）。

（4）硅烷偶联剂加入后，继续搅拌 40min，以使其充分水解。

（5）将微晶纤维素加入溶液中，80℃条件下搅拌处理 2h，抽滤，并用蒸馏水洗涤 3～4 次。

（6）将处理好的微晶纤维素放入烘箱，90℃下干燥 5h，装入自封袋备用。

2. LLDPE/纤维素复合材料的制备

（1）将纤维素在烘箱中烘干，烘箱温度设置在 80℃，干燥时间为 6h。

（2）将纤维素和 LLDPE 配成 0%、5%、10%、15% 和 20% 的混合料，使用熔融共混法在微型锥形双螺杆挤出机中共混，参数设置为：混料温度 145℃，螺杆转速为 10r/min，每种配比混熔 3 次。

（3）将挤出机挤出的丝在 80℃条件下烘干 5h 以除去 MCC 吸收的水分。

（4）将混合好的复合材料在微型注射机料斗中熔融，达到黏流态，选取合适的模具，注射成型，以做检测。

3. 分析表征

（1）用装有 CCD 装置的光学显微镜（BX-51，日本）观察 LLDPE/纤维素复合材料的结晶行为，以检测纤维素是否改性成功、纤维素在复合材料中的分布以及纤维素与 LLDPE 之间的相互作用。

（2）LLDPE/纤维素复合材料样品结晶行为表征是在 Perkin-Elmer 公司的 Diamond DSC 仪器上，试样全部在氮气保护下进行测试，氮气流量 20mL/min，升降温过程：①样品从室温以 10℃/min 升温速率升到 170℃，恒温 1min 消除热历史；②以 10℃/min 降温至 50℃，恒温 1min；③以 10℃/min 升温至 170℃，恒温 1min；④以 100℃/min 速率迅速降温至 113℃，恒温 15min；⑤以 10℃/min 降温至 50℃，恒温 1min；⑥以 10℃/min 升温至 170℃，恒温 1min，记录降温和升温过程。

（3）力学性能测试是在 Perkin-Elmer 公司的 DMA 8000 动态力学谱仪上进行测试的，利用由计算机控制的黏弹分析仪对试样施加具有规定振幅和频率的振动，在某一恒定温度下，由计算机计算出该温度下材料的模量。改变试验温度，测得材料的模量随温度变化的曲线。将样条安装在动态力学谱仪的夹具上，采用单悬模式进行温度扫描，振动频率为 1Hz，扫描温度范围为 20～60℃，升温速率为 2℃/min，测试气氛为空气。测试材料的模量与温度的变化关系。

（4）流变学实验夹具选用 25mm 平行板。加样时，将制备好的样片放到下板上，调节上下板间隙为 1000μm 左右。稳态剪切测试的剪切速率范围选择为 0.1～100s^{-1}，动态频率扫描范围为 0.1～100rad/s。做动态频率扫描之前，对每一个样品在 6.283rad/s 的固定频率下做应变扫描，应变扫描范围为 0.1%～100%，从而确定频率扫描时所选定的应变在样品的线性区间。实验温度选择 135℃、145℃、155℃ 及 165℃，流变仪的温度波动小于 0.2℃。

六、 数据处理

测定结果见表 43-1。

表 43-1　测定结果

样品	结晶时间/min	结晶温度/℃	黏度/Pa·s	拉伸模量/MPa
LLDPE				

续表

样品	结晶时间/min	结晶温度/℃	黏度/Pa·s	拉伸模量/MPa
LLDPE/纤维素-5%				
LLDPE/纤维素-10%				
LLDPE/纤维素-15%				
LLDPE/纤维素-20%				

七、 注意事项

1. 纤维素化学改性过程中硅烷偶联剂的含量控制要准确。
2. 熔融共混过程中温度控制要准确，需要带防护手套，以免烫伤。
3. 结晶和流变测试过程一定要在氮气氛围下进行。

八、 思考题

1. 高分子共混改性的基本原理是什么？该法具有什么优点？
2. 纤维素作为填料，与其他常用的固体填料相比，具有哪些优点？
3. 填料对高分子基体的结晶和流变行为有哪些影响？

九、 参考文献

[1] Nogi M，Yano H. Advanced Materials，2008，20：1849-1852.

[2] Ramanathan T，Abdala A，Stankovich S，et al. Nature Nanotechnology，2008，3：327-331.

[3] Chen W F，Yan L F，Bangal P R. Carbon，2010，48：1146-1152.

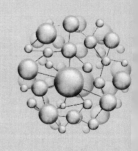

实验 44

聚磷腈微纳米球阻燃剂的超声法合成及阻燃性能研究

一、 预习要点

1. 了解阻燃剂发展现状及分类。
2. 六氯环三磷腈的结构。
3. 阻燃剂的阻燃机理。

二、 实验目的

1. 了解超声合成法，学习用此种方法制备聚磷腈微纳米球的过程。
2. 了解聚磷腈微纳米球的基本结构以及阻燃机理。
3. 掌握阻燃剂的基本表征方法，如红外光谱、扫描电镜、能谱仪、热重分析等，以及图谱的解析方法。

三、 实验原理

随着高分子材料的广泛应用，材料热稳定性差、易燃烧的缺点限制了其在某些特定领域的应用。因此，高分子材料的阻燃改性是其制备及应用研究的重要领域，阻燃剂也成为除增塑剂外的第二大高聚物添加剂。目前应用最多的添加型阻燃剂主要有两大类：有机和无机阻燃剂。含卤阻燃剂在有机阻燃剂中较为常见，但含卤阻燃剂在燃烧中会释放大量对人体和环境有害的气体。通过对大量火灾现场的调查，发现很多伤亡并非因为火灾高温导致，而是在燃烧过程中人体吸入大量有毒气体造成窒息、中毒死亡。无机阻燃剂的阻燃效果较好，但是大量的添加会恶化材料的力学性能。因此，开发无卤、高效、绿色环保同时提升材料力学性能的新型阻燃剂已经成为人们研究的焦点。

根据文献调研可知，磷系阻燃剂因低毒、环保、阻燃高效而应用广泛，其中又以磷腈型阻燃剂表现最为优异。磷腈衍生物是一种有机-无机杂化的高分子材料，分子骨架中无机磷氮单元（—P＝N—）的存在和侧基结构的多样性，使其在不同应用领域具有巨大灵活性，可用于耐高温橡胶、非线性光学材料、高分子电解质、高分子液晶、分离膜、催化材料、医药及军工等领域。其中聚磷腈分子中磷、氮元素均为阻燃元素，添加到基材中会使热释放速率、烟释放量下降，阻燃性能优良。其在燃烧降解过程中生成 N_2、NH_3 等难燃、低毒、无腐蚀性的气体，降低可燃性气体浓度。

聚磷腈微纳米球作为一种常见的磷腈型阻燃剂，其形貌及分散性受合成条件时间、功率、三乙胺（TEA）添加量等的影响，选择不同的合成条件，微球的大小及分散性不同，导致阻燃剂对基体材料的可燃性及力学性能产生较大的影响。

本实验选用六氯环三磷腈（HCCP）和 4,4'-二羟基二苯砜（BPS）为反应单体，通过超声波合成法合成出一种不溶不熔、高度交联的环交联型磷腈衍生物——聚（环三磷腈-二羟基二苯砜）微球（PZS）。通过扫描电镜（SEM）、透射电镜（TEM）、热重分析（TG）、能谱仪（EDS）、红外光谱（FTIR）等手段对合成产物进行分析和表征，并将合成的阻燃剂应用于环氧树脂（EP）中，测定其阻燃性能。

四、仪器与试剂

1. 仪器

电子分析天平，超声波清洗仪（KQ3200D），离心管（100mL×2），量筒（100mL），烧杯（100mL），滴管，洗瓶，玻璃棒，三口烧瓶（250mL），空心塞，恒压滴液漏斗，铁架台，低速离心机（LD5-2A），真空干燥箱（BZF-50），傅里叶变换红外光谱仪（TENSOR 27），台式电子显微镜（TM-3000），透射电子显微镜（Tecnai G2 F20 S-TWIN），热重分析仪（STA 449CQMS403C）。

2. 试剂

六氯环三磷腈（HCCP，纯度 98%），4,4'-二羟基二苯砜（BPS，AR），乙腈（AR），三乙胺（TEA，AR），去离子水。

五、实验步骤

1. 样品制备

（1）称取 0.86g BPS 置于 250mL 三口烧瓶中，加入 50mL 乙腈溶解。

（2）在三口烧瓶中滴入 1.5mL TEA 混合均匀，放入超声波清洗仪中，进行超声。

（3）量取 50mL 乙腈溶剂，称量 0.4g HCCP 在烧杯中进行溶解，然后缓慢滴加到上述三口烧瓶中，控制滴加时间 0.5h。

（4）滴加完成后，混合体系继续在超声的条件下反应 1h。反应所需温度为 40℃，超声功率 100W。

（5）反应完成后进行离心，然后分别用乙腈和去离子水洗涤三遍，之后在真空 60℃条件下干燥 10h 至恒重。

保持其他条件不变，改变反应温度（20℃，40℃，60℃）、反应时间（0.5h，1h，1.5h）或 TEA 添加量（0.5mL，1mL，1.5mL）进行实验，观察并记录实验现象，对生成的样品进行表征。

2. 分析表征

用红外光谱（FTIR）进行结构分析：样品与溴化钾（KBr）充分研磨后压片，进行扫描，扫描范围为 $400\sim4000\text{cm}^{-1}$。通过扫描电镜（SEM）进行形貌分析：室温下，将样品粉末均匀涂抹在导电胶上，样品喷金 90s 后进行微观形貌观察。热重分析仪（TG）：样品在 N_2 氛围下，进行热稳定性分析，升温范围为 $30\sim800℃$，升温速率为 10K/min。能谱仪（EDS）进行元素分析：测试前需要对样品进行喷金处理；测试时，选取有代表性的区域进行点和面测试。

六、 数据处理

数据填入表 44-1。

表 44-1　聚磷腈微纳米球测定结果

记录项目		温度			时间			TEA 添加量		
		20℃	40℃	60℃	0.5h	1h	1.5h	0.5mL	1mL	1.5mL
形貌	宏观									
	微观									
产率										

七、 注意事项

1. 反应过程中 TEA 的量控制要准确。
2. 滴加 HCCP 溶液时注意滴加速度，滴加速度的快慢对形貌也具有一定影响。
3. 使用玻璃仪器注意安全。

八、 思考题

1. 画出红外分析图，指出样品具有的官能团及其所对应的峰值。
2. 画出样品的热重图，观察有哪些变化，确定是否产生的为同一物质。

九、 参考文献

［1］Chen T，Chen X M，Wang M J，et al. A novel halogen-free co-curing agent with linear multi-aromatic rigid structure as flame-retardant modifier in epoxy resin ［J］. Polymers for Advanced Technologies，2018，29（1）：603-611.

［2］Li Z，Gonzáleza A J，Heeralala V B，et al. Covalent assembly of MCM-41 nanospheres on graphene oxide for improving fire retardancy and mechanical property of epoxy resin ［J］. Composites Part B：Engineering，2018，138：101-112.

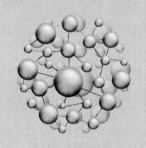

实验 45

钙钛矿型 $CaSn(OH)_6$ 阻燃剂的
共沉淀法合成及阻燃性能研究

一、 预习要点

1. 羟基锡酸盐的结构、特点及应用领域。
2. 共沉淀法的定义及应用过程中的优点。
3. 羟基锡酸钙的合成方法和表征手段。

二、 实验目的

1. 了解共沉淀法的基本原理，学习用此种方法制备羟基锡酸钙的过程。
2. 了解羟基锡酸盐的特征结构以及在阻燃领域的突出优势。
3. 掌握高聚物阻燃剂的基本表征方法，如 X 射线衍射（XRD）、SEM、TGA 等。
4. 探究反应时间对样品组成、微观形貌以及热稳定性的影响。

三、 实验原理

随着高分子材料的广泛应用，材料热稳定性差、易燃烧的缺点限制了其在某些特定领域的应用。因此，高分子材料的阻燃改性是其制备及应用研究的重要领域，阻燃剂也成为除增塑剂外的第二大高聚物添加剂。传统阻燃剂填充量大，阻燃效率低，恶化材料力学性能。如何在低添加量下既能提高阻燃效果又能保持甚至增强材料的力学性能，同时降低有毒有害物质的释放，是阻燃领域目前亟待解决的重要问题。

分子式为 $MSn(OH)_6$（M＝二价金属离子）的化合物属于钙钛矿型的羟基锡酸物。其中 M 可以是 Ca、Mg、Fe、Co、Mn、Zn、Cu、Sr 等。经研究含有羟基（—OH）基团的物质暴露于外界时会导致其降解。然而，在羟基锡酸盐 $[MSn(OH)_6]$ 中，羟基在结构内部，因此会最小降解，导致 $MSn(OH)_6$ 表现出很多有趣的物理和化学特性。近年来，关于 $MSn(OH)_6$ 的制备方法、形貌调控及性能应用的研究不断被报道出来，逐渐成为研究热点。$MSn(OH)_6$ 及其热解产物在阻燃抑烟、光催化、气敏传感、锂离子电池等领域具有广泛的应用前景。CaSn(OH)$_6$作为羟基锡酸盐的一种同样具有良好的光催化、电化学等性能，然而鲜有听闻有文献将羟基锡酸钙应用为阻燃剂，为拓展羟基锡酸盐在阻燃领域的研究，本实验对羟基锡酸钙的合成条件进行探索。

本实验拟用共沉淀法，分析不同时间内所合成羟基锡酸钙晶体在粒径、形貌上的不同，并利用 XRD 和 SEM 表征所合成羟基锡酸钙晶体的纯净度与形貌。之后将合成的 CaSn(OH)$_6$ 样品分别用马弗炉焙烧和热重分析仪器进行测试，检测在不同气氛条件下，样品的热稳定性有何差异。

四、仪器与试剂

1. 仪器

电子分析天平，烧杯（250mL×3），玻璃棒，量筒（100mL），滴管，pH 试纸，磁子，药匙，洗瓶，离心管，磁力搅拌器，低速离心机，烘箱，X 射线衍射仪（D8 Advance 型），扫描电子显微镜，热重分析仪（TGA STA449C 型），小瓷舟，马弗炉。

2. 试剂

无水氯化钙（CaCl$_2$，AR），锡酸钠（Na$_2$SnO$_3$，AR），氢氧化钠（NaOH，AR），去离子水。

五、实验步骤

1. Na$_2$SnO$_3$ 溶液、NaOH 溶液和 CaCl$_2$ 溶液的制备和调控 pH

（1）称取 2g NaOH 溶解于 50mL 去离子水中，制备 1mol/L NaOH 溶液。

（2）称取 1.333g Na$_2$SnO$_3$ 溶解于 50mL 去离子水中，制备 0.005mol/L Na$_2$SnO$_3$ 溶液。

（3）称取 0.555g CaCl$_2$ 溶解于 50mL 去离子水中，制备 0.005mol/L CaCl$_2$ 溶液，利用 1mol/L NaOH 溶液调节溶液 pH 值至 10，作为母液。

2. 样品的合成及焙烧

（1）将母液置于 25℃恒温水浴磁力搅拌器中，转速为 450r/min。

（2）将 50mL 0.005mol/L Na$_2$SnO$_3$ 溶液直接倒入母液中，反应 1h。

（3）将所得白色溶液离心沉淀，利用去离子水洗涤三次，在烘箱中干燥 24h。

（4）称量瓷舟质量，将部分白色粉末充分研磨后称取质量并平铺于瓷舟上。

（5）将瓷舟平放在马弗炉中，升温至 800℃并焙烧 1h（注意：焙烧过程中必须严密监视马弗炉）。

（6）待马弗炉彻底冷却后，将样品取出，称取瓷舟样品总质量。

（7）将焙烧后的白色粉末密封处理，干燥保存。

3. 分析表征

用 X 射线衍射（XRD）仪测定样品的物相结构，测试条件为：$10° \leqslant 2\theta \leqslant 90°$，Cu K$\alpha$，$\lambda = 0.15406$nm，所用电压为 40kV，电流为 40mA，扫描速度为 0.1°/s。用扫描电镜（SEM）观测样品的微观形貌和粒度，并测定样品的组成。用热重分析仪（TGA STA449C 型）测定样品在 800℃下的质量变化，记录质量变化节点。

六、 数据处理

数据填入表 45-1、表 45-2。

表 45-1 马弗炉焙烧数据记录

记录项目	I	II	III
瓷舟质量			
初始样品质量			
终点样品＋瓷舟质量			
净失重			
残炭率			

表 45-2 热重数据记录

记录项目	I	II	III
起始热分解温度/℃			
最大热释放温度/℃			
800℃焙烧残炭量/%			

七、 注意事项

1. 反应过程中，实验条件（温度、时间）要严格控制。
2. 马弗炉焙烧实验过程中，安全防护（实验服、隔温手套）准备完全再进行试验。
3. 热重实验过程中，稳坩埚、稳样品的时间以及程序升温数据要按照指定要求操作。

八、 思考题

1. 马弗炉焙烧与热重实验结果有差异的原因是什么？
2. 羟基锡酸钙在热失重后生成什么物质，热失重脱出的是什么？
3. 焙烧后的白色粉末在 SEM 图中出现的孔洞是如何形成的？

九、 参考文献

［1］Chen T，Chen X M，Wang M J，et al. A novel halogen-free co-curing agent with linear multi-aromatic rigid structure as flame-retardant modifier in epoxy resin［J］. Polymers for Advanced Technologies，2018，29（1）：603-611.

［2］Li Z，Gonzáleza A J，Heeralala V B，et al. Covalent assembly of MCM-41 nanospheres on graphene oxide for improving fire retardancy and mechanical property of epoxy resin［J］. Composites Part B：Engineering，2018，138：101-112.

化学研究与创新实验（Ⅰ）

［3］Shao Z B，Zhang M X，Li Y，et al. A novel multi-functional polymeric curing agent: Synthesis，characterization，and its epoxy resin with simultaneous excellent flame retardance and transparency ［J］. Chemical Engineering Journal，2018，345: 471-482.

［4］Qian L J，Qiu Y，Wang J Y，et al. High-performance flame retardancy by char-cage hindering and free radical quenching effects in epoxy thermosets ［J］. Polymer，2015，68: 262-269.